Christian Schlieder

Autodesk® Inventor® 2015

Einsteiger-Tutorial

Viele praktische Übungen am
Konstruktionsobjekt HUBSCHRAUBER

FSC
www.fsc.org
MIX
Papier aus ver-
antwortungsvollen
Quellen
Paper from
responsible sources
FSC® C105338

Christian Schlieder

Autodesk® Inventor® 2015

Einsteiger-Tutorial

**Viele praktische Übungen am
Konstruktionsobjekt HUBSCHRAUBER**

ISBN

978-3-7347-3102-0

IMPRESSUM

Dipl.- Ing. Christian Schlieder
www.cad-trainings.de
Fax: +49 (0) 3212 - 1122290

HERSTELLUNG UND VERLAG

Books on Demand GmbH, Norderstedt
www.BoD.de

INHALTSVERZEICHNIS

1 Einleitung

1.1 Inhalt

Dieses Buch ist ein Tutorial für **Autodesk® Inventor® 2015.** Anhand eines komplexen Übungsbeispiels lernt der Leser den Umgang mit dem Programm.

1.2 Verwendete Befehle

2D-Skizzen

- Abhängigkeiten
- Bemaßungen
- Bogen (3 Punkte)
- Drehen
- Ellipse
- Projizieren
- Konstruktion
- Kreis (Mittelpunkt)
- Linie
- Punkt
- Rechteck (2 Punkte)
- Rundung
- Skizze aufschneiden
- Spiegeln
- Stutzen
- Versatz

Bauteile

- 2D-Skizze starten
- Abhängigkeiten ableiten/ erstellen
- Arbeitsachsen
- Arbeitsebenen
- Bohrung
- Drehung
- Erhebung
- Extrusion
- Anordnungen
- Rundung
- Spiegeln
- Sweeping

Baugruppen

- Abhängig machen
- Abhängigkeiten animieren
- Bauteile aus Baugruppen heraus erstellen
- Farbüberschreibung
- Inventor Studio
- Schraubverbindung

Sonstige

- Anwendungsoptionen
- Benutzeroberfläche
- Maustasten
- Navigationsleiste
- Dateien erstellen
- Projekte
- ViewCube
- Zusatzmodule

1.3 Erzeugen eines zentralen Projektordners

Vor der Arbeit im eigentlichen Programm sollte auf dem PC ein neuer Ordner erstellt werden. Dieser Ordner wird als Projektordner dienen, in dem alle Komponenten dieser Projektarbeit gesichert werden. Erstellen Sie an geeignetem Speicherort einen neuen Ordner mit der Bezeichnung [*Inventor-2015-Hubschrauber*].

1.4 Hilfedatei des Programms

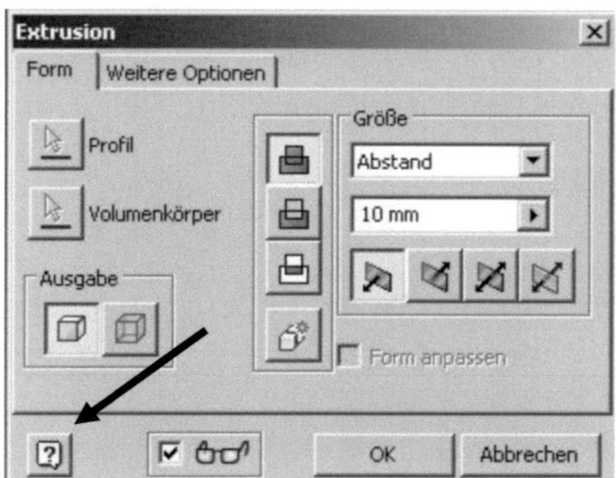

Das Programm beinhaltet eine umfassende Hilfedatei. Zusätzlich zu den Hilfen und Anmerkungen in diesem Buch kann diese zur Klärung offener Fragen verwendet werden. Achten Sie auf das kleine ❓ *Fragezeichen* in den Befehlen des 3D-Bereiches. Hier gelangen Sie automatisch in den entsprechenden Bereich der Hilfe. Bei manchen Befehlen (zum Beispiel im 2D-Bereich) ist dieser Button nicht verfügbar. Hier kann alternativ die *Taste*: *F1* verwendet werden.

Die Hilfedatei greift automatisch auf das Internet zu, sofern das Programm eine Zugriffsberechtigung auf eine vorhandene Internetleitung besitzt. Alternativ kann kostenlos eine lokale Hilfe unter folgendem Link geladen und installiert werden:

> *http://www.autodesk.de/*

1.5 Kostenlose Programmversion

Eine Testversion des Programms kann ebenfalls kostenlos auf der Internetplattform:

> *http://www.autodesk.com/education/free-software/all*

heruntergeladen werden. Diese ist allerdings nur 30 Tage funktionstüchtig. Studenten haben zusätzlich die Möglichkeit, die kostenlose Version für 3 Jahre freizuschalten.

Bitte starten Sie das Programm *Autodesk® Inventor® 2015*, um mit den Übungen zu beginnen.

2   Bearbeiten der Anwendungsoptionen

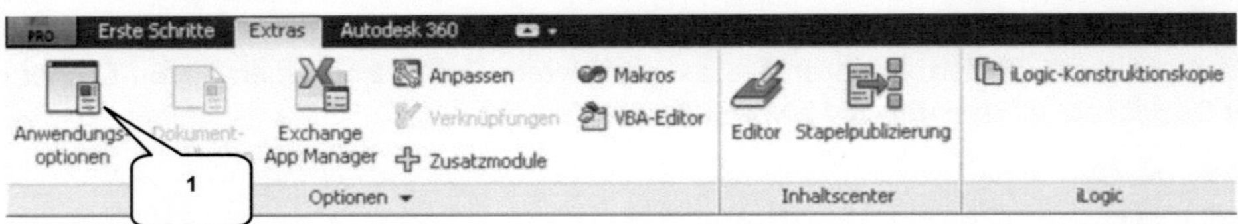

Um die Übungen fehlerfrei umsetzen zu können wird empfohlen, einige Grundeinstellungen zu kontrollieren. Wechseln Sie hierfür ins Register *Extras* um dort den Befehl 🖥 *Anwendungsoptionen* (1) zu starten. Beginnen Sie mit dem Register *Anzeige* (2):

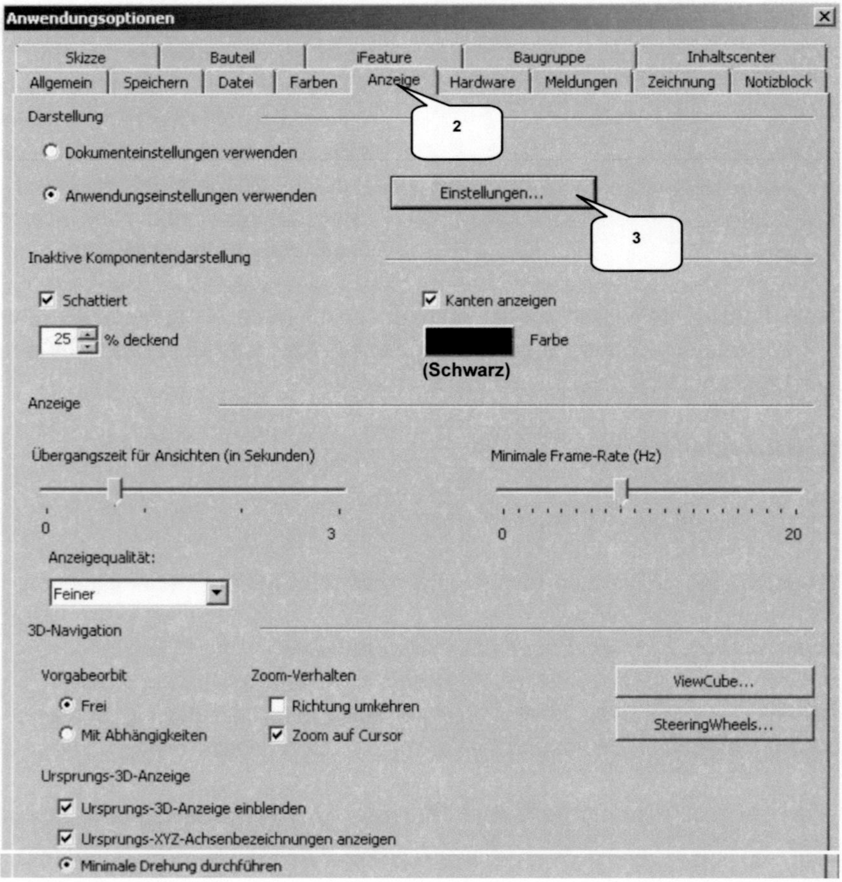

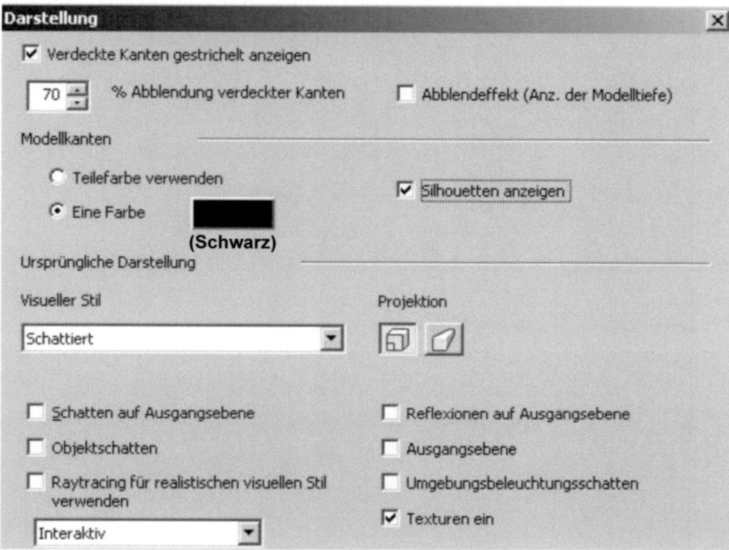

In den **Einstellungen** (3) sind die oben stehenden Änderungen zu übernehmen um dann im Register **Zeichnung** (4) die folgenden Grundeinstellungen umzusetzen:

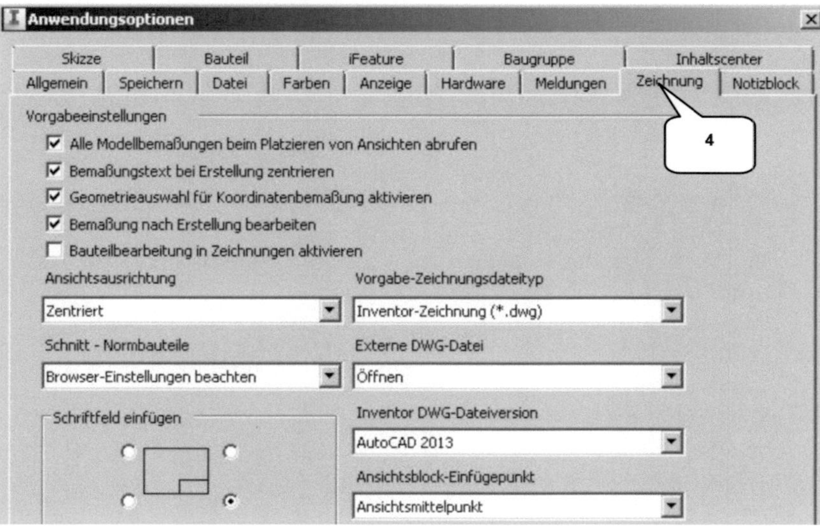

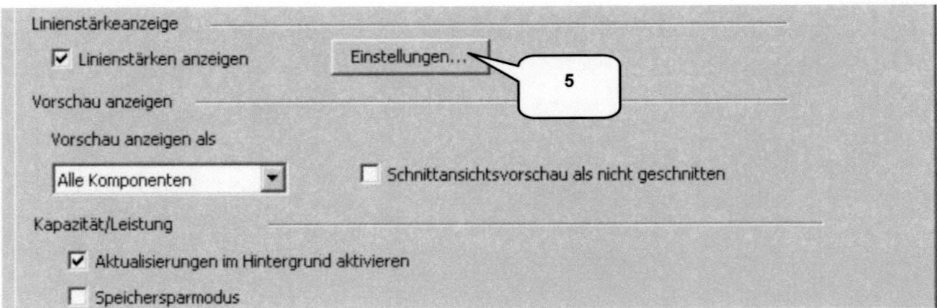

Über die **Einstellungen** (5) gelangt man zu den **Linienstärken**, die ebenfalls zu ändern sind:

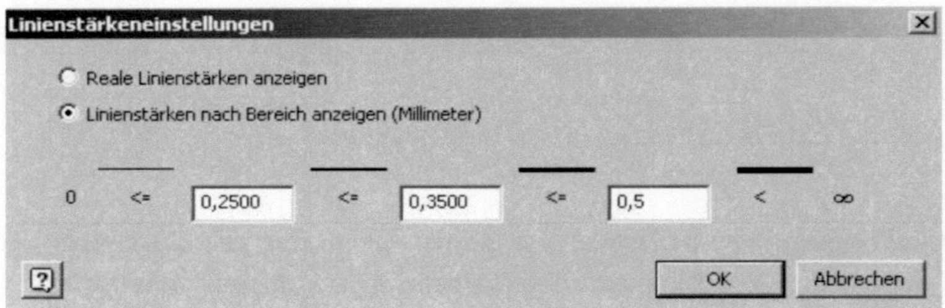

Im Register **Baugruppe** (6) sind dann die folgenden Änderungen zu übernehmen:

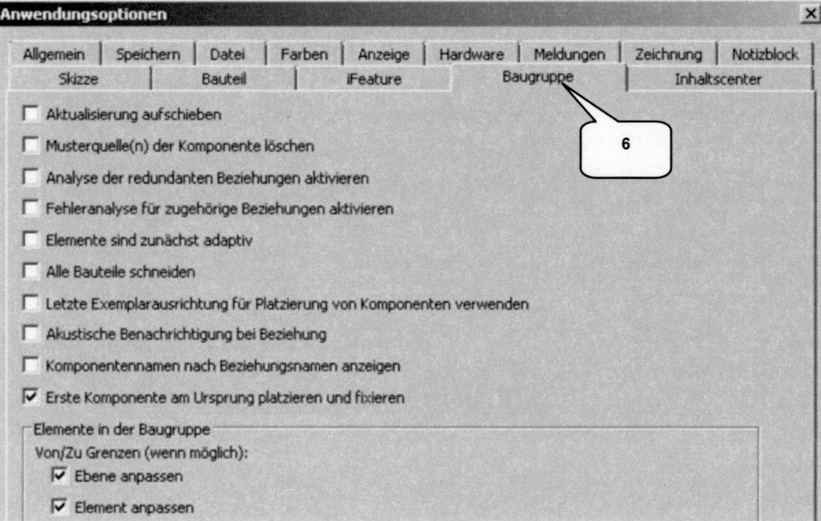

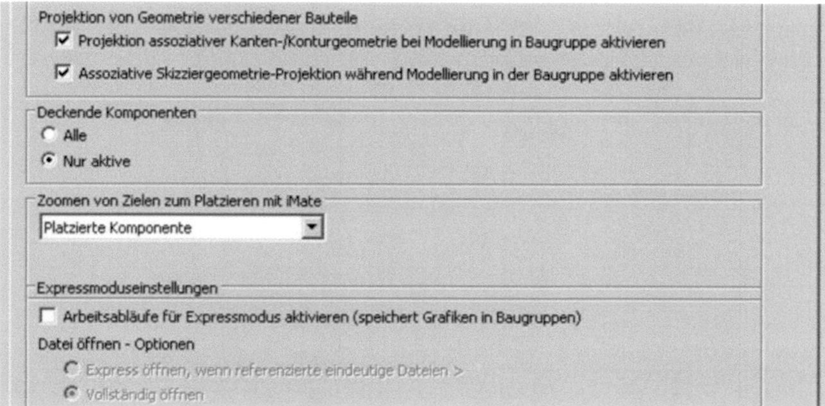

Weitere Änderungen erfolgen im Register **Bauteil** (7):

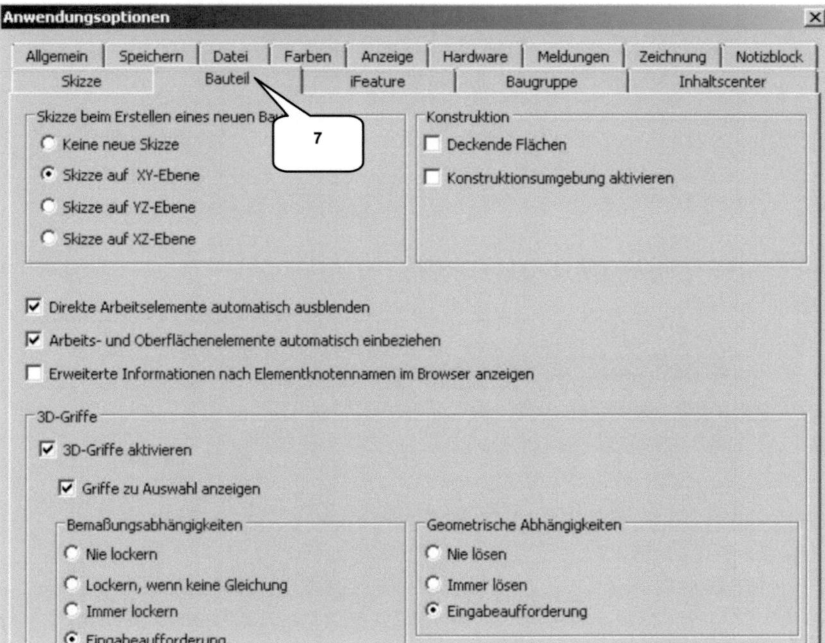

Abschließend sind die Einstellungen im Register **Skizze** vorzunehmen (8):

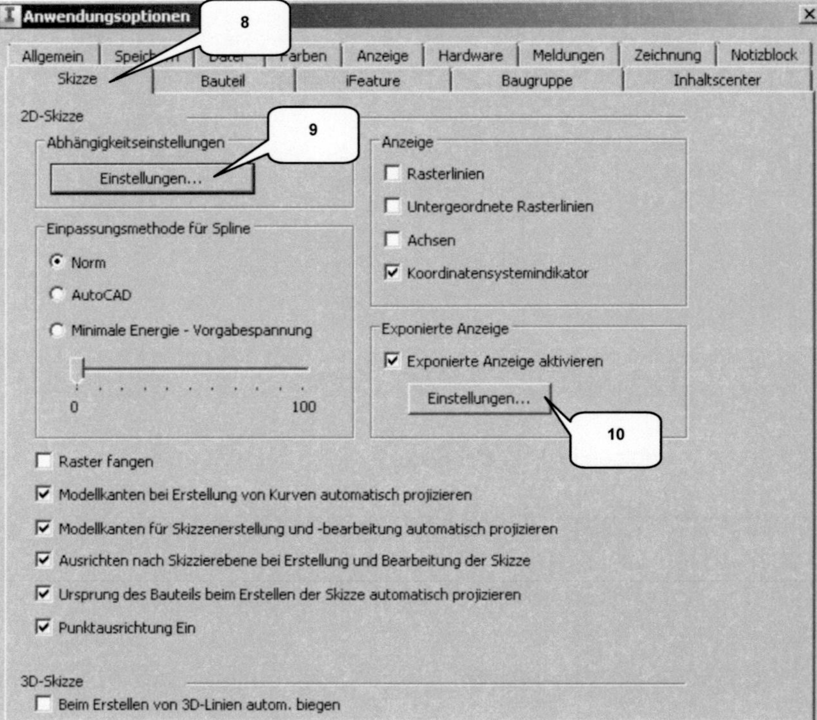

In den *Abhängigkeitseinstellungen* (9) sollten die darin befindlichen drei Register wie folgt voreingestellt werden:

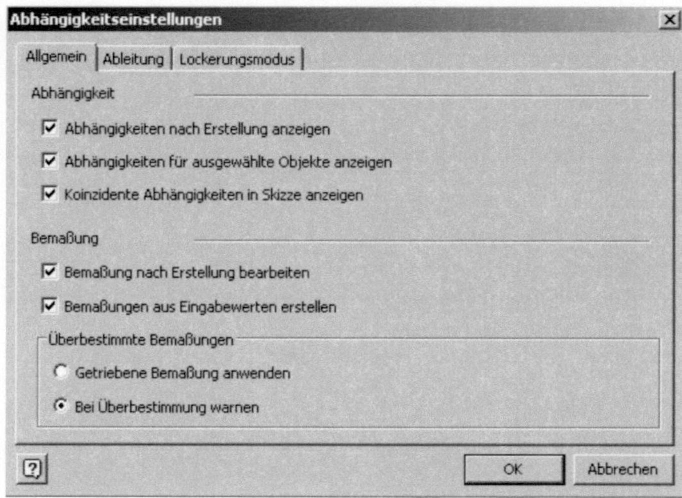

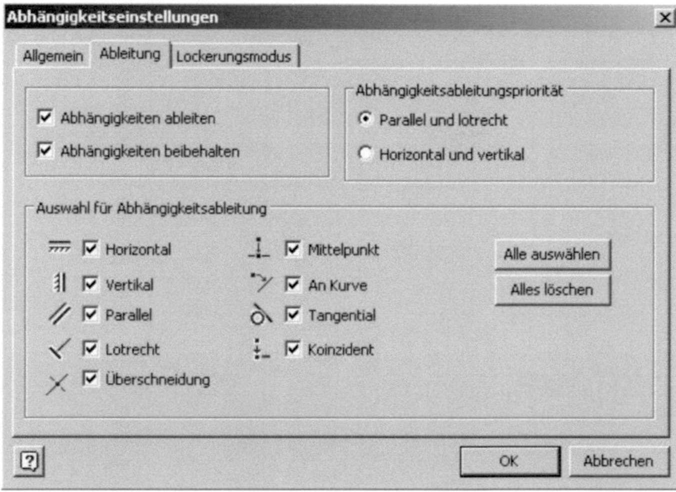

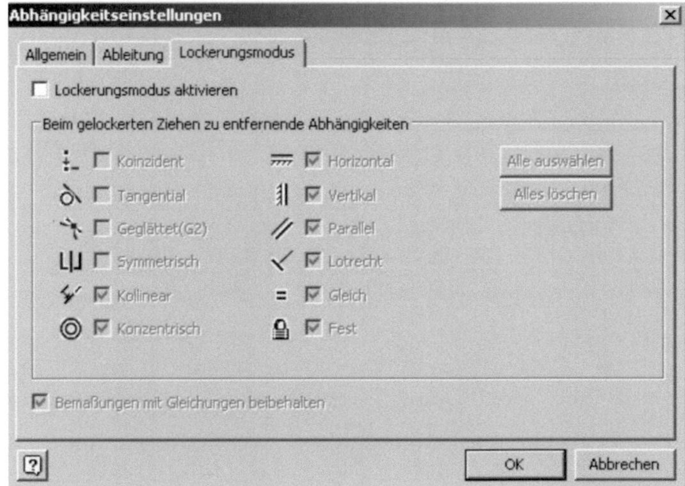

Abschließende Einstellungen sind im Bereich *Exponierte Anzeige* (10) zu kontrollieren. Die Anwendungsoptionen können danach mit *OK* (11) bestätigt werden.

Bearbeiten der Anwendungsoptionen

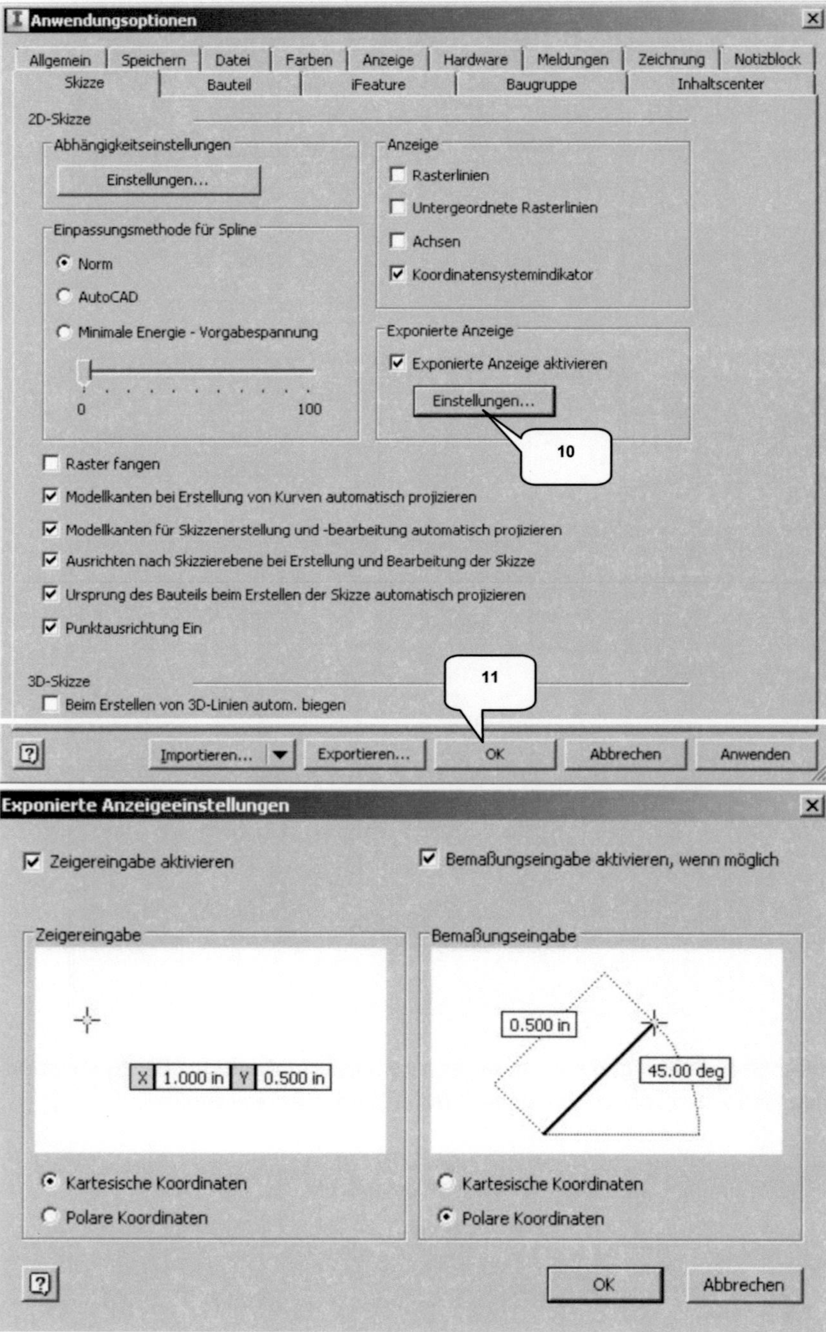

2.1 Steuerungstools und Maustasten

Das Programm verfügt über verschiedene Tools, die es dem Anwender ermöglichen, häufig verwendete Befehle rasch starten zu können. Im Register **Ansicht** und der Befehlsgruppe **Fenster** muss die **Benutzeroberfläche** gestartet werden.

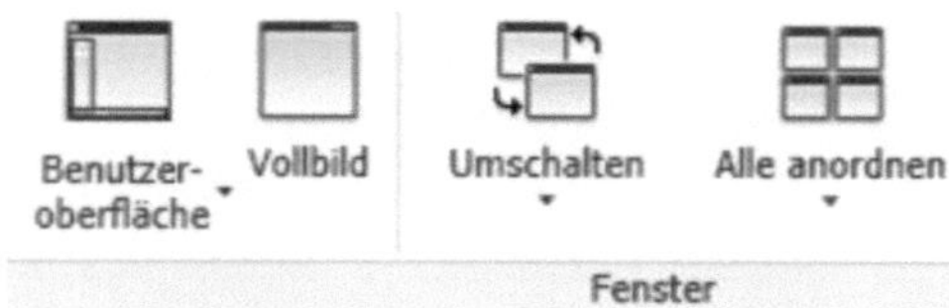

Im geöffneten Auswahlmenü sollten die Optionen **ViewCube**, **Navigationsleiste**, **Browser** und **Statusleiste** aktiviert sein. Die restlichen Optionen können bei Bedarf zusätzlich aktiviert werden.

2.2 Der ViewCube

Mit dem **ViewCube** kann der Blickwinkel auf ein Objekt verändert werden: Ein Klick mit der linken Maustaste auf eine Seite, Kante oder Ecke des Würfels dient dem Wechsel in die entsprechende Ansicht. Bei gedrückter linker Maustaste auf den Würfel ist (in Kombination mit der Mausbewegung) ein freies Drehen der Ansicht möglich.

2.3 Die Navigationsleiste

Die **Navigationsleiste** beinhaltet verschiedene Anzeige- und Navigationsbefehle. Die Position der Leiste und die Anzahl der darzustellenden Befehle können individuell festgelegt werden.

2.4 Die Funktionen der Maustasten

Wird in diesem Buch davon gesprochen, etwas anzuklicken oder zu auszuwählen, bezieht sich das stets auf die **linke Maustaste**, sofern es nicht anders beschrieben ist. Ein Klick mit der **rechten Maustaste** öffnet ein Menü mit weiteren Optionen. Je nachdem, in welchem Arbeitsbereich des Programms Sie sich befinden (Skizzenbereich, Modellbereich, Baugruppenbereich, Präsentationsbereich, Zeichnungsbereich), und an welcher Position geklickt wird (auf ein Zeichenobjekt, eine Modellkante, auf ein Bauteil oder auf die Multifunktionsleiste) werden unterschiedliche Auswahlmöglichkeiten angeboten. Die **mittlere Maustaste** (Scrollrad-Taste) hat mehrere Funktionen: Bei gedrückter mittlerer Maustaste kann der gesamte Arbeitsbereich verschoben werden. Die Kombination der Umschalt-Taste (**Taste: SHIFT**) mit der mittleren Maustaste ermöglicht ein freies Drehen der Ansicht. Das Scrollen mit dem Scrollrad der mittleren Maustaste zoomt die Ansicht im Arbeitsbereich.

3   Einzelbenutzer-Projekt erzeugen

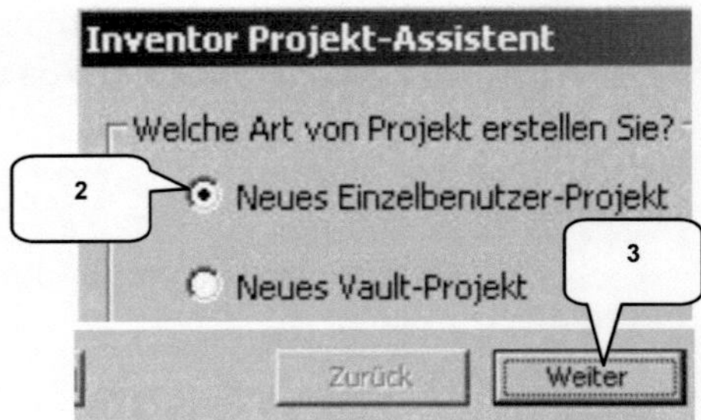

- ➢ *Projekte* (1)
- ➢ Option: Neu > Neues Einzelbenutzer-Projekt (2)
- ➢ *Weiter* (3)

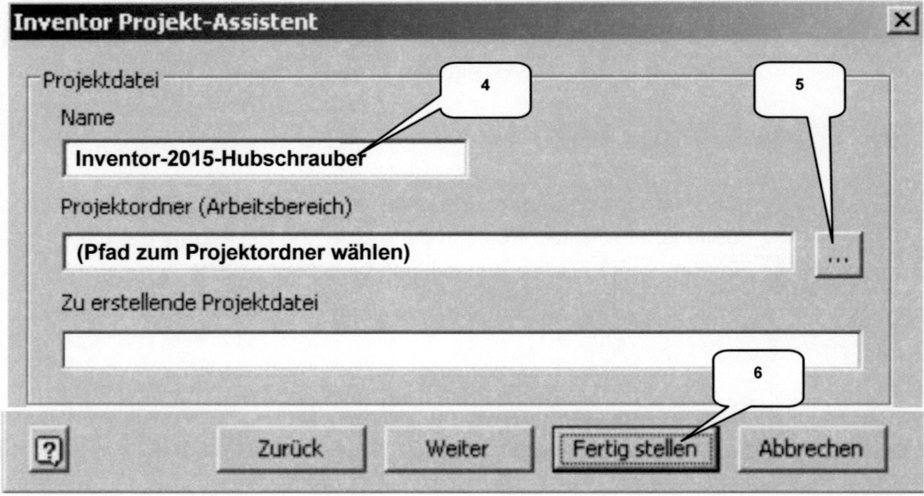

- ➢ Name: [Inventor-2015-Hubschrauber] (4)
- ➢ Projektordner (Inventor-2015-Hubschrauber) wählen (5)
- ➢ *Fertig stellen* (6)

*Als Projektordner ist der Ordner zu verwenden, der vorher auf Ihrem PC unter der Bezeichnung **Inventor-2015-Hubschrauber** erstellt worden ist.* **!**

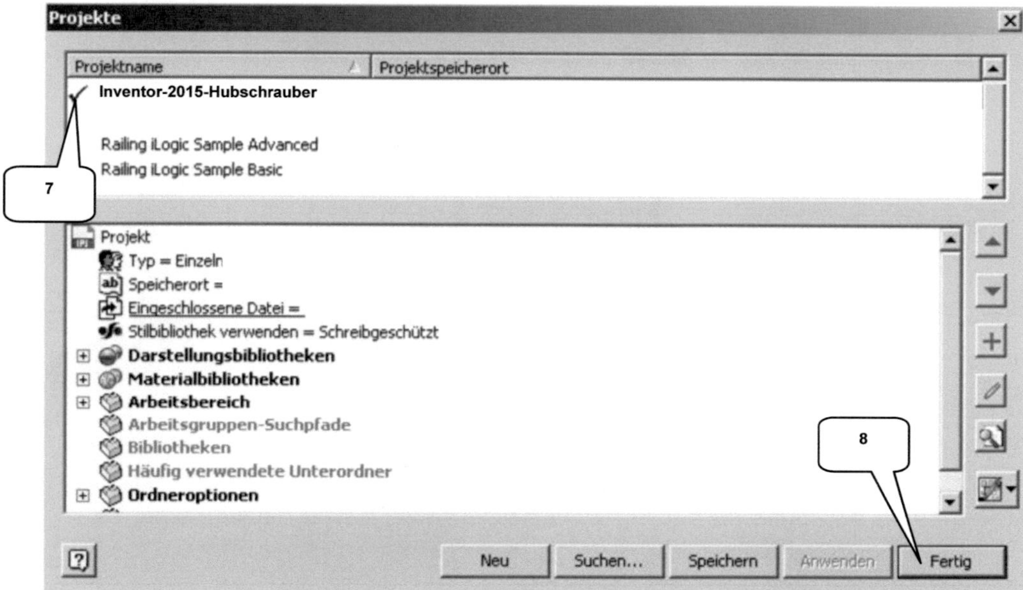

> Projekt wurde erzeugt und aktiviert (7)
> *Fertig* (8)

Die Erstellung eines Projektes vor jeder neuen Konstruktion ist dringend anzuraten, um ein sauberes und strukturiertes Arbeiten mit dem Programm zu ermöglichen! Jedes Projekt legt eine Projektdatei an, in welcher alle zum Projekt gehörenden Referenzen gespeichert werden. Das gesamte Projekt kann dann später ohne Datenverlust kopiert oder archiviert werden.

4 Aufbau und Funktion des Spielzeughubschraubers

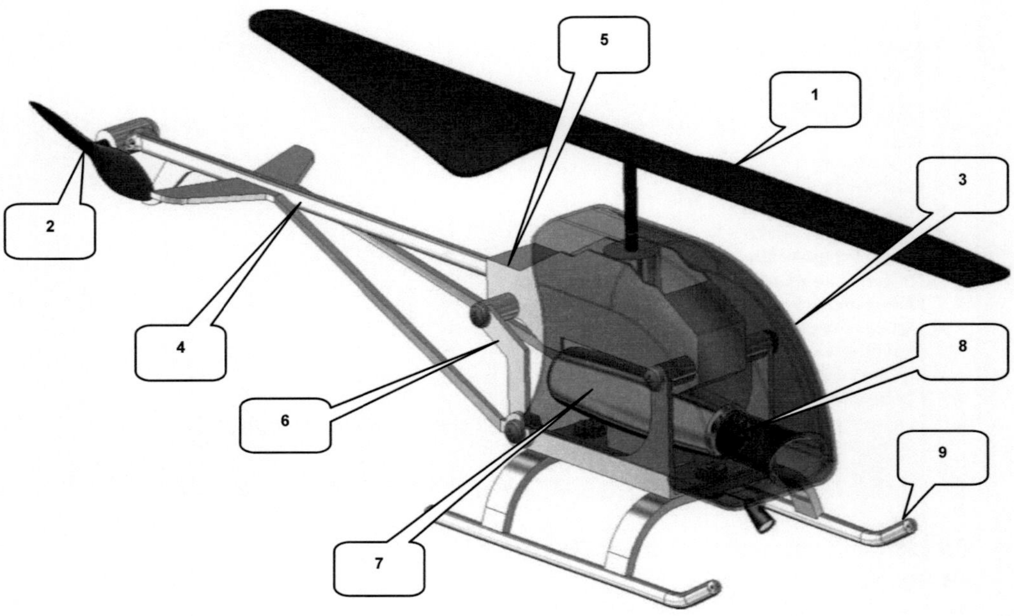

1. Hauptrotor	4. Heckausleger	7. Turbinengehäuse
2. Heckrotor	5. Rumpf-Oberteil	8. Turbine
3. Kabine	6. Rumpf-Unterteil	9. Landegestell

Im folgenden Übungsbeispiel soll ein vereinfachter Spielzeughubschrauber konstruiert werden. Hubschrauber starten und landen in vertikaler Richtung. Durch Form und Drehbewegung des Hauptrotors (1) wird eine Auftriebskraft erzeugt, die den Hubschrauber beim Starten nach oben hebt. Um eine unerwünschte Drehung des gesamten Hubschraubers um seine vertikale Achse zu vermeiden, wird am Ende des Heckauslegers (4) ein zusätzlicher Heckrotor (2) montiert. Dieser wirkt einer Drehbewegung entgegen und gewährleistet eine stabile Führung. Eine Turbine (8) ermöglicht eine Bewegung in horizontaler Richtung. Sie befindet sich im Turbinengehäuse (7), welches auf dem Rumpf-Unterteil (6) montiert wird, an welchem auch das Landegestell (8) befestigt ist. Unterteil und Oberteil (5) des Rumpfes bilden die Basis des Konstruktionsobjektes, an welches auch eine Kabine (3) montiert wird. Diese ist mit einem Suchscheinwerfer und mit dem Luftstromkanal zur Turbine versehen. Die einzelnen Bauteile werden durch diverse Schraubverbindungen aus dem Inhaltscenter miteinander verbunden. Alle Bauteile (außer der Kabine) sind zu konstruieren. Die Kabine selbst ist als vorgefertigtes Bauteil bereits vorhanden.

5 Bauteil: Rumpf-Unterteil

5.1 Erstellen einer neuen Datei und Projizieren der Hauptachsen

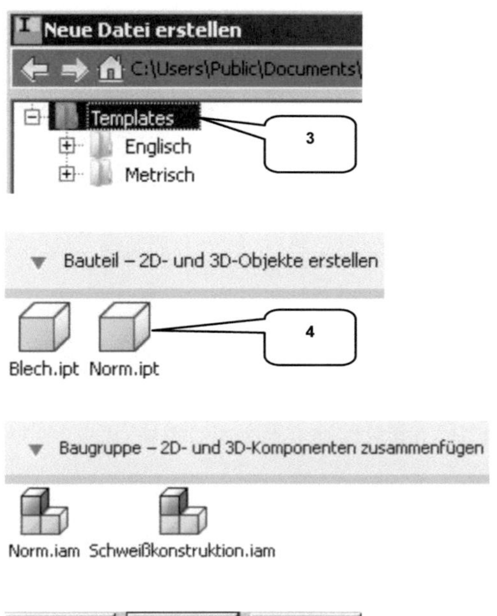

Nachdem die Anwendungsoptionen und Zusatzmodule konfiguriert und das neue Projekt erzeugt wurden, kann mit der Erstellung des ersten Bauteils begonnen werden. Im Register **Erste Schritte** (1) ist der Befehl **Neu** (2) zu starten. Im Fenster **Neue Datei erstellen** befinden sich einige vordefinierte Standard-Vorlagen. Diese können grundlegend wie folgt unterschieden werden:

> **Bauteile** (Norm.ipt, Blech.ipt)
> **Baugruppen** (Norm.iam, Schweißkonstruktion.iam)
> **Zeichnungen** (Norm.idw, Norm.dwg)
> **Präsentationen** (Norm.ipn)

Die Bauteile in diesem Buch werden grundlegend aus der Vorlage **Norm.ipt** (4) erstellt, welche jetzt zu öffnen und durch **Erstellen** (5) zu bestätigen ist.

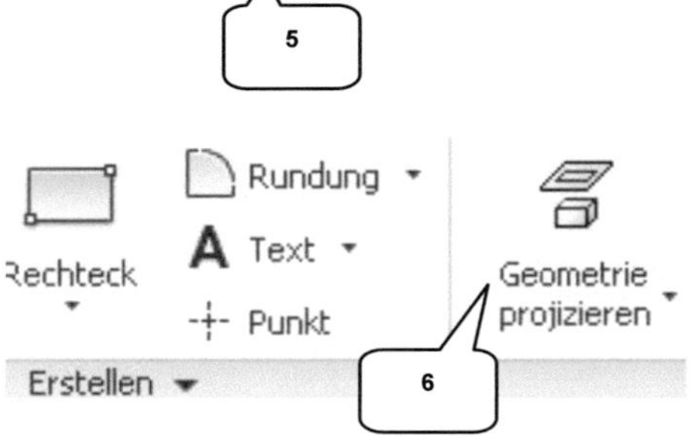

Wurden die Anwendungsoptionen übernommen wie in den ersten Kapiteln beschrieben, sollte das Programm automatisch eine neue 2D-Skizze auf der XY-Ebene erzeugen und den Skizzenbereich öffnen. !

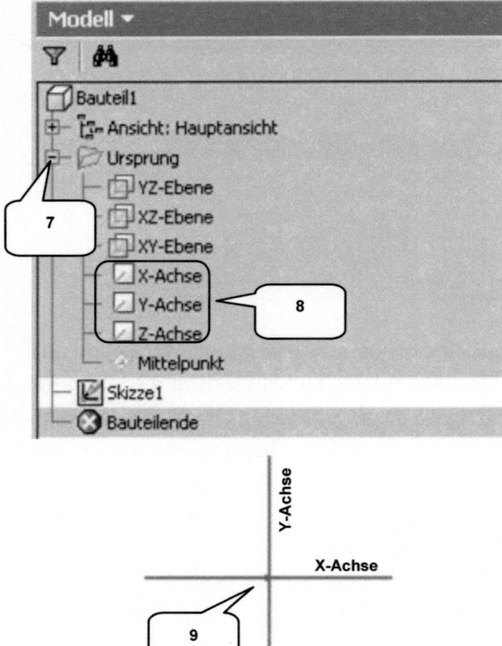

Jede Datei verfügt über ein Koordinatensystem mit drei Hauptachsen (X, Y, Z) und drei Hauptebenen (XY, XZ, YZ). Diese Ursprungselemente spielen eine wichtige Rolle und sollten bereits ab der ersten Skizze in die Konstruktion integriert werden. Da sie nicht standardmäßig in den Skizzen enthalten sind, müssen sie importiert werden. Hierfür wird der Befehl *Geometrie projizieren* (6) verwendet. Dieser Befehl überträgt eine Abbildung der Achsen/ Ebenen in die 2D-Skizze und ermöglicht dadurch deren Verwendung.

> *Geometrie projizieren* (6)
> Ordner *Ursprung* im Modellbaum aufklappen (7)
> Nacheinander die drei Achsen (X, Y, Z) anklicken (8)
> *Taste: ESC*

Die Achsen werden jetzt im Zeichenbereich dargestellt (9). Dieser erste Arbeitsschritt sollte in jeder neuen Skizze durchgeführt werden, da das rechtzeitige Einbeziehen der Hauptachsen bereits im Skizzenbereich spätere Arbeitsschritte im Modell- und Baugruppenbereich erheblich erleichtern kann. Die Taste Escape (Taste: ESC) beendet den Befehl Geometrie projizieren und sollte grundsätzlich nach jeder erfolgreichen Anwendung eines Befehles im 2D-Skizzenbereich verwendet werden.

5.2   Zeichnen einer zusammenhängenden Linienkontur

Neue Zeichenelemente werden mit den Befehlen der Befehlsgruppe *Zeichnen* erzeugt. Für die folgende Linienkontur ist der Befehl *Linie* (1) zu verwenden.

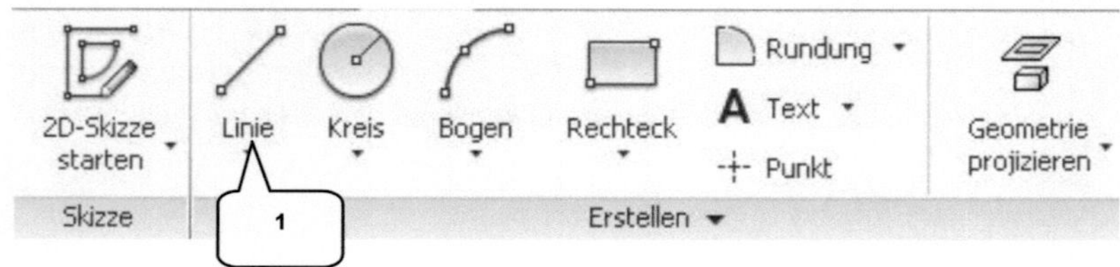

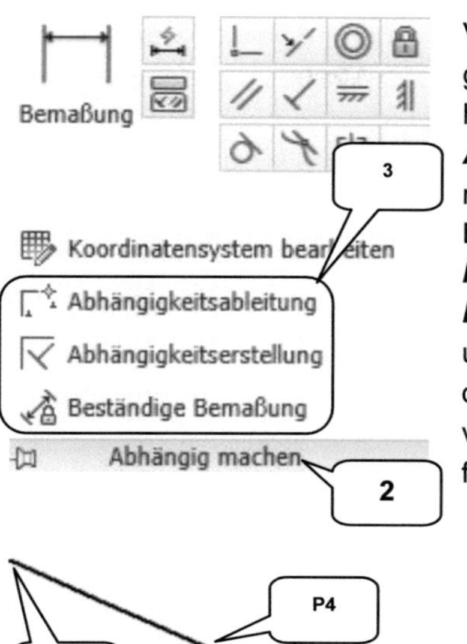

Vor dem Zeichnen der ersten Linie sollte allerdings geprüft werden, wie die Grundeinstellungen der Abhängigkeiten gesetzt wurden. In der Befehlsgruppe **Abhängig machen** (2) befindet sich neben der gleichnamigen Bezeichnung ein kleines Dreieck, welches die Befehlsgruppe erweitert. Hier sind die Optionen **Abhängigkeitsableitung**, **Abhängigkeitserstellung** und **Beständige Bemaßung** (3) zu deaktivieren, um ein unbeabsichtigtes Setzen von Abhängigkeiten durch das Programm während der ersten Zeichenübungen zu vermeiden. Alle Optionen in dieser erweiterten Befehlsgruppe sollten jetzt weiß hinterlegt sein.

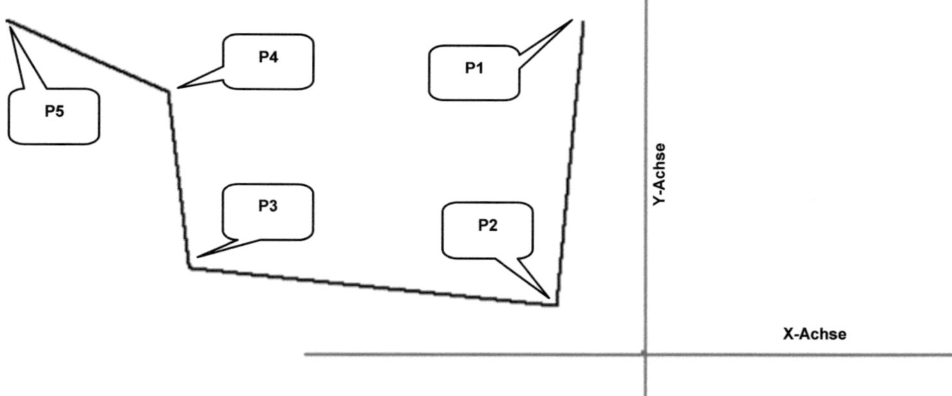

Im nächsten Schritt ist die in der oberen Abbildung dargestellte Linienkontur zu zeichnen.

- ➢ **Linie** (1)
- ➢ Punkt (P1) frei ablegen (linke Maustaste)
- ➢ Punkt (P2) frei ablegen

- ➢ Punkt (P3) frei ablegen
- ➢ Punkt (P4) frei ablegen
- ➢ Punkt (P5) frei ablegen
- ➢ **Taste: ESC**

5.3 Setzen der Abhängigkeiten

Das automatische Setzen der Abhängigkeiten durch das Programm während des Zeichnens wurde im vorherigen Arbeitsschritt deaktiviert. Daher müssen alle Abhängigkeiten manuell gesetzt werden. Im ersten Schritt sollen die vertikalen und horizontalen Linien ausgerichtet werden. Hier finden die Abhängigkeiten **Horizontal** (1) und **Vertikal** (2) Anwendung. Nach dem Setzen der jeweiligen Abhängigkeiten sind die Befehle mit der **Taste: ESC** zu beenden. Die Linie (L4) darf mit keiner der beiden Abhängigkeiten versehen werden.

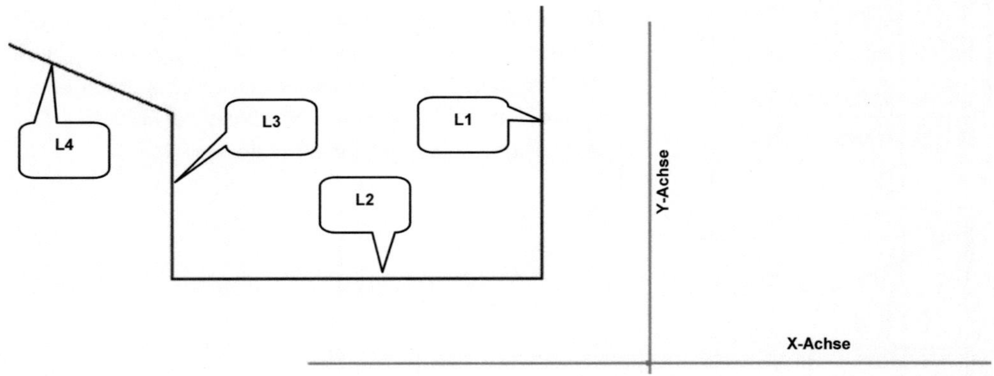

➢ **Abhängigkeit Horizontal** (1)	➢ **Abhängigkeit Vertikal** (2)
➢ Linie (L2) wählen	➢ Linien (L1, L3) wählen
➢ **Taste: ESC**	➢ **Taste: ESC**

5.4 Bemaßen der Linienkontur

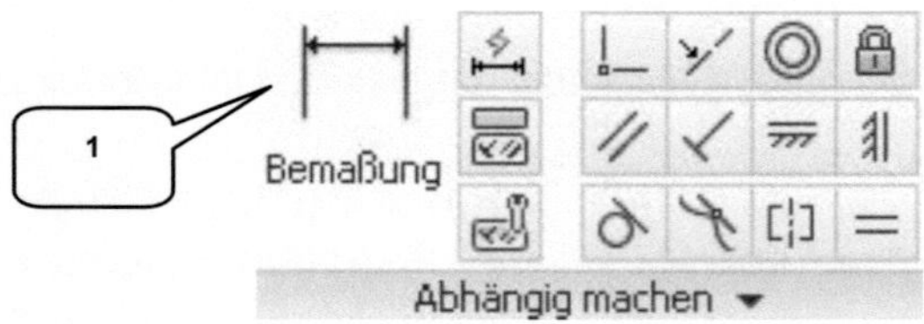

Nach dem Setzen der Abhängigkeiten erfolgt das Setzen von Bemaßungen. Um ein einzelnes Zeichenobjekt (Linie, Bogen, Kreis) zu bemaßen, ist dieses nach Start des Befehls **Bemaßung** (1) anzuklicken und das Maß anschließend abzulegen. Eine Wertänderung der Maßzahl ändert dann die Objektgröße. Um 2 Zeichenelemente in deren Lage zueinander zu bemaßen, müssen beide Objekte nacheinander angewählt und das Maß anschließend abgelegt und bearbeitet werden. Im folgenden Schritt, sollen die Längen der einzelnen Linienabschnitte (L1 bis L5) festgelegt werden.

> **Bemaßung** (1)
> Linie (L1) anklicken (linke Maustaste)
> Maß an Position (2) ablegen (linke Maustaste)
> Länge: [20 mm]
> **Taste: ENTER**

> Linie (L2) anklicken
> Maß an Position (3) ablegen
> Länge: [38 mm]
> **Taste: ENTER**

> Linie (L3) anklicken
> Maß an Position (4) ablegen
> Länge: [14 mm]
> **Taste: ENTER**
> **Taste: ESC**

Eine horizontale oder vertikale Bemaßung einer Linie kann also durch Ablegen des Maßes oberhalb/unterhalb oder rechts/links neben dem Objekt erzeugt werden. Muss eine Bemaßung an einem Objekt ausgerichtet werden (z. B. Linie L5), ist dies separat festzulegen.

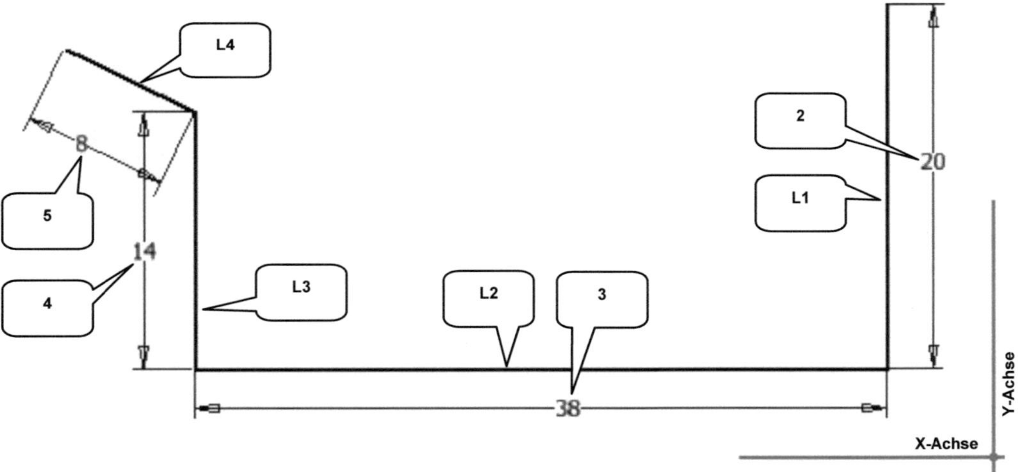

> **Bemaßung** (1)
> Linie (L4) anklicken
> Rechte Maustaste drücken
> Option: Ausgerichtet
> Maß an Position (5) ablegen
> Länge: [8 mm]
> **Taste: ENTER**
> **Taste: ESC**

Um ein Maß an einer Linie auszurichten, muss nach der Auswahl der Linie und vor dem Ablegen des Maßes die Option **Ausgerichtet** *der rechten Maustaste gewählt werden.*

Es ist unerheblich, ob sich die gesamte Linienkontur jetzt immernoch oberhalb der X-Achse bzw. links neben der Y-Achse befindet. Es müsste nicht korrigiert werden.

Die beiden Linien (L3) und (L4) sind jetzt in einem Winkel von 120° zueinander anzuordnen. Anschließend soll die gesamte Linienkontur mit dem Punkt (P2) auf den Koordinatenursprung (P0) gelegt werden. Hierfür ist die Abhängigkeit **Koinzident** (7) zu verwenden.

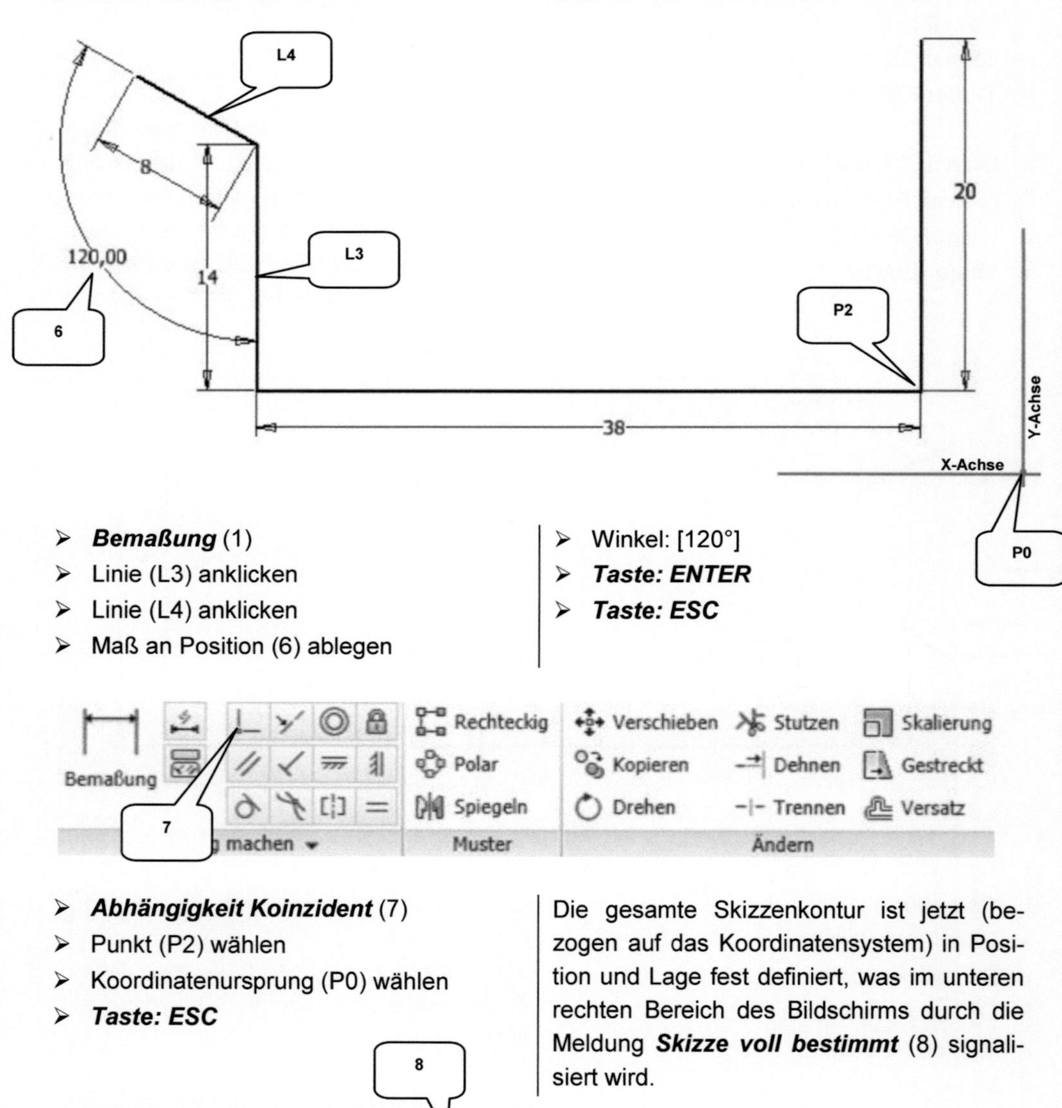

- ➤ **Bemaßung** (1)
- ➤ Linie (L3) anklicken
- ➤ Linie (L4) anklicken
- ➤ Maß an Position (6) ablegen

- ➤ Winkel: [120°]
- ➤ **Taste: ENTER**
- ➤ **Taste: ESC**

- ➤ **Abhängigkeit Koinzident** (7)
- ➤ Punkt (P2) wählen
- ➤ Koordinatenursprung (P0) wählen
- ➤ **Taste: ESC**

Die gesamte Skizzenkontur ist jetzt (bezogen auf das Koordinatensystem) in Position und Lage fest definiert, was im unteren rechten Bereich des Bildschirms durch die Meldung **Skizze voll bestimmt** (8) signalisiert wird.

5.5 Erzeugen einer versetzten Kopie der Linienkontur

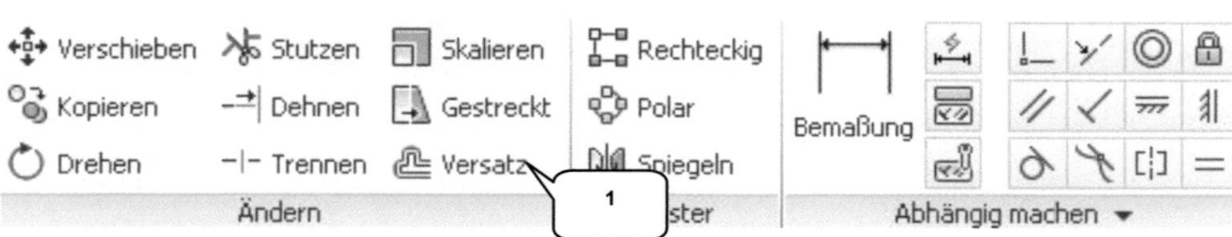

Nachdem die vorhandene Linienkontur vollständig bemaßt und auf den Koordinatenursprung bezogen wurde, soll eine versetzte Kopie (Befehl **Versatz**) (1) erzeugt werden.

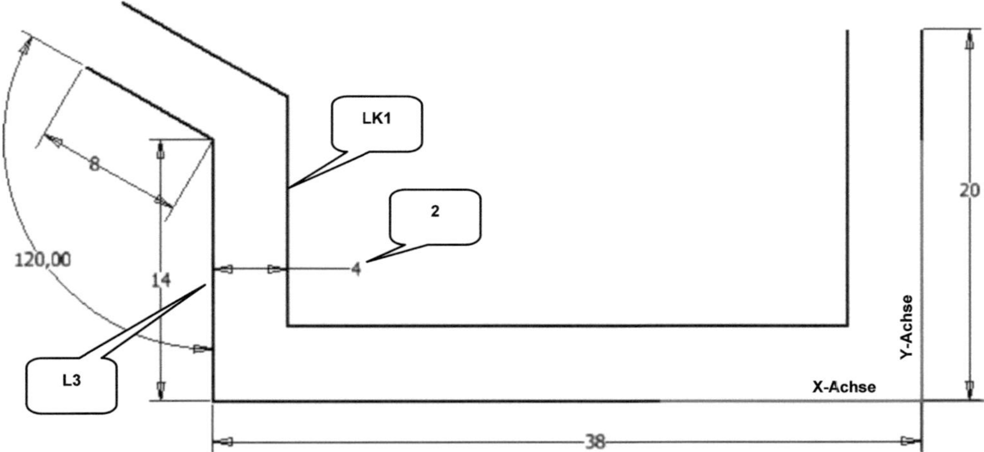

> ➢ **Versatz** (1)
> ➢ Linie (L3) wählen
> ➢ Maus nach rechts bewegen
> ➢ Versetzte Kopie der Linienkontur ca. an Position (LK1) ablegen
> ➢ **Taste: ESC**

> ➢ **Bemaßung** (1)
> ➢ Linie (L3) wählen
> ➢ Versetzte Kopie an Pos. (LK1) wählen
> ➢ Maß an Position (2) ablegen
> ➢ Abstand: [4 mm]
> ➢ **Taste: ENTER**
> ➢ **Taste: ESC**

*Sollte beim Arbeiten mit dem Programm die eine oder andere Befehlsgruppe nicht vorhanden sein, sollte das korrigiert werden: in diesem Fall ist mit der **rechten Maustaste** auf eine beliebige Stelle der Multifunktionsleiste (Befehlsleiste) zu klicken und unter der Option **Gruppen anzeigen** die fehlende Gruppe zu aktivieren. Diese Einstellung kann in jedem Arbeitsbereich (Skizzenbereich, Modellbereich, Baugruppenbereich, Zeichnungsbereich, Präsentationsbereich) vorgenommen werden.*

!

5.6 Schließen der Kontur mittels Bogens durch drei Punkte

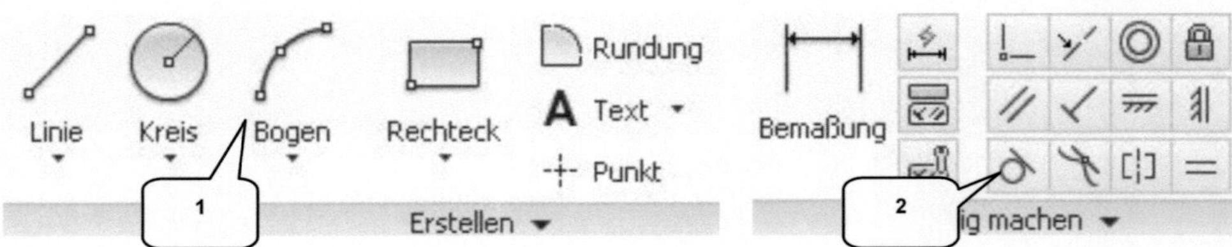

Beide Linienkonturen (Original und versetzte Kopie) sind durch den Befehl **Bogen durch 3 Punkte** (1) miteinander zu verbinden. Hierbei ist darauf zu achten, dass Start- und Endpunkt des jeweiligen Bogens genau an die Linienenden der Linienkonturen anknüpfen (P1, P2, P4, P5). Dies wird beim Setzen der Bogenpunkte durch einen grünen Punkt am Mauspfeil signalisiert.

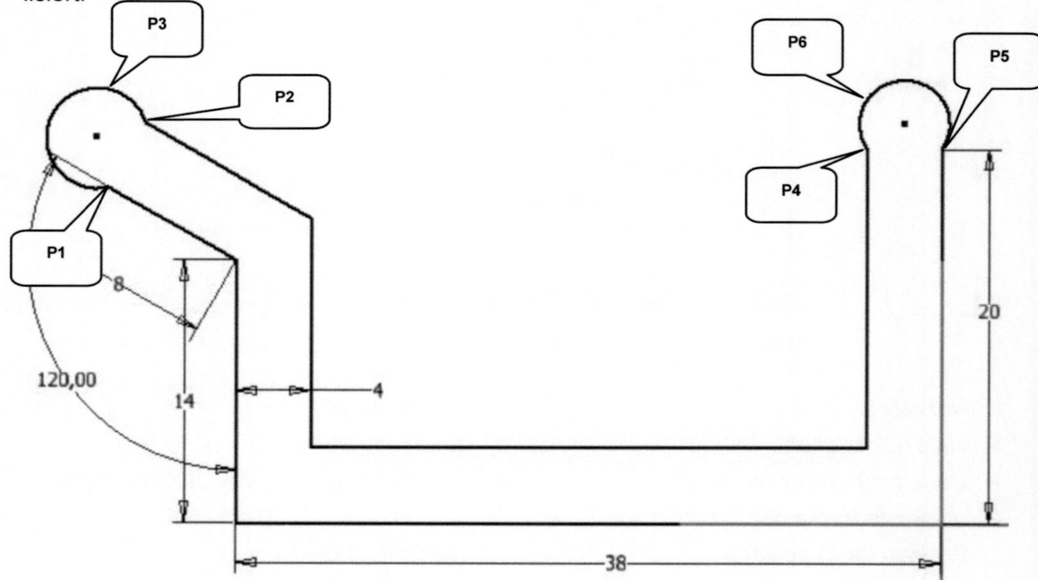

> **Bogen durch 3 Punkte** (1)

> 1. Punkt Bogen 1: Punkt (P1) wählen

> 2. Punkt Bogen 1: Punkt (P2) wählen

> 3. Punkt Bogen 1: Punkt frei an Pos. (P3) ablegen

> 1. Punkt Bogen 2: Punkt (P4) wählen

> 2. Punkt Bogen 2: Punkt (P5) wählen

> 3. Punkt Bogen 2: Punkt frei an Pos. (P6) ablegen

> **Taste: ESC**

Beide Bögen liegen jeweils mit ihren Start- und Endpunkten auf den Endpunkten der angrenzenden Linienkonturen. Mittels Abhängigkeit **Tangential** (2) sollen beide Bögen an die vorhandenen Linienkonturen angepasst werden.

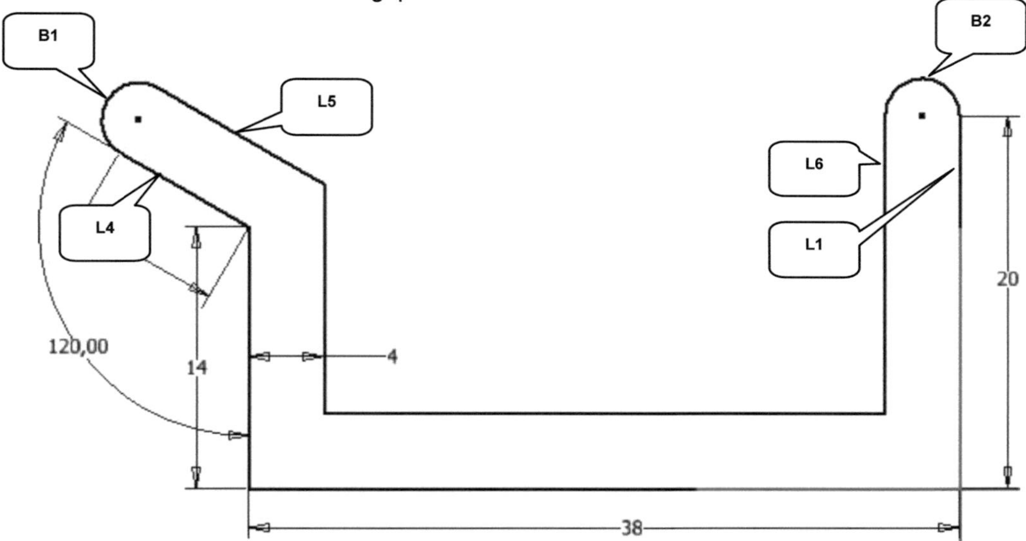

➢ **Abhängigkeit Tangential** (2)	➢ Linie (L6) wählen
➢ Linie (L4) wählen	➢ Bogen (B2) wählen
➢ Bogen (B1) wählen	➢ Linie (L1) wählen
➢ Linie (L5) wählen	➢ Bogen (B2) wählen
➢ Bogen (B1) wählen	➢ **Taste: ESC**

5.7 Ecken abrunden

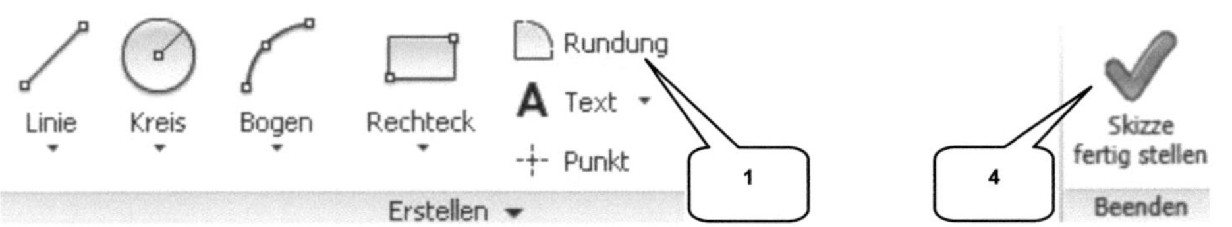

Zwei Ecken sollen jetzt mit dem Befehl **Rundung** (1) bearbeitet werden.

➢ **Rundung** (1)	➢ Radius: 10 mm (3)
➢ Radius: 3 mm (2)	➢ Linie (L6) wählen
➢ Linie (L2) wählen	➢ Linie (L7) wählen
➢ Linie (L3) wählen	➢ **Taste: ESC**

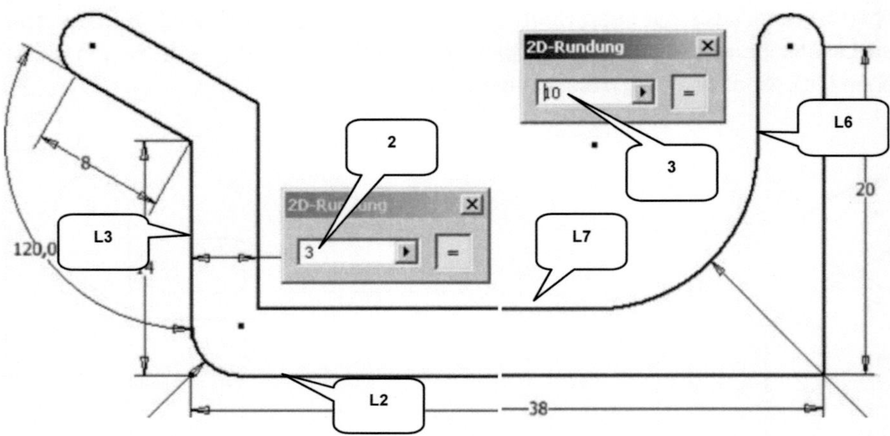

Die Skizze kann jetzt mit *Skizze fertig stellen* (4) beendet werden und das Programm wechselt automatisch in den Modellbereich.

5.8 Speichern der Datei

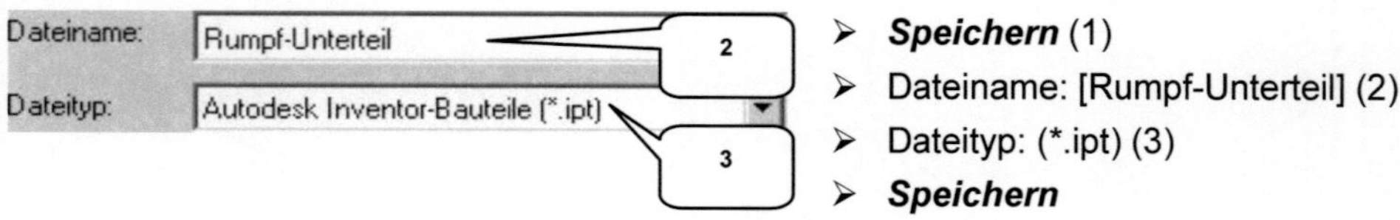

Vor dem nächsten Arbeitsschritt sollte die Datei gesichert werden. In der oberen Menüleiste befindet sich der Schnellstart-Befehl *Speichern* (1). Er öffnet ein Eingabefenster, in dem der Dateiname *Rumpf-Unterteil* (2) eingegeben werden kann. Es ist darauf zu achten, dass die Datei ebenfalls in den Projektordner (Inventor-2015-Hubschrauber) gespeichert wird, welcher am Anfang des Buches erzeugt wurde.

<table>
<tr><td>Dateiname:</td><td>Rumpf-Unterteil</td><td>2</td></tr>
<tr><td>Dateityp:</td><td>Autodesk Inventor-Bauteile (*.ipt)</td><td>3</td></tr>
</table>

- ➢ *Speichern* (1)
- ➢ Dateiname: [Rumpf-Unterteil] (2)
- ➢ Dateityp: (*.ipt) (3)
- ➢ *Speichern*

Auch im Modellbereich ist es möglich, dass eine der Befehlsgruppen, die zur Bearbeitung des Übungsobjektes benötigt wird, deaktiviert ist. Dann ist mit der rechten Maustaste auf einen beliebigen Punkt der Befehlsleiste zu klicken und unter der Option Gruppen anzeigen die fehlende Befehlsgruppe nachträglich zu aktivieren. Nicht benötigte Gruppen sollten allerdings ausgeblendet bleiben, um eine allzu sehr minimierte Darstellung der einzelnen Befehlsgruppen zu vermeiden. Je nach Größe des Monitors muss hier abgewägt werden. !

5.9 Extrudieren der Basiskontur

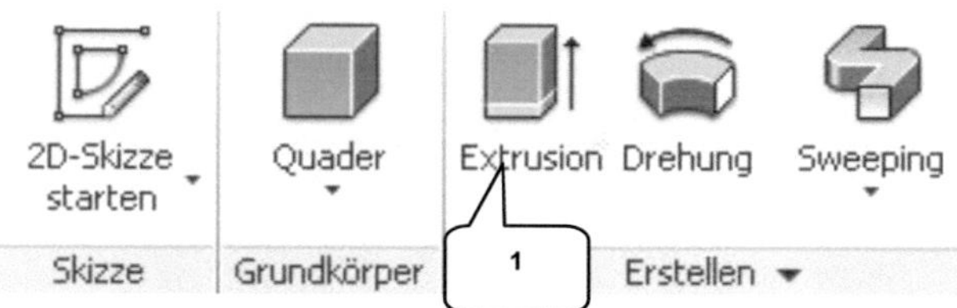

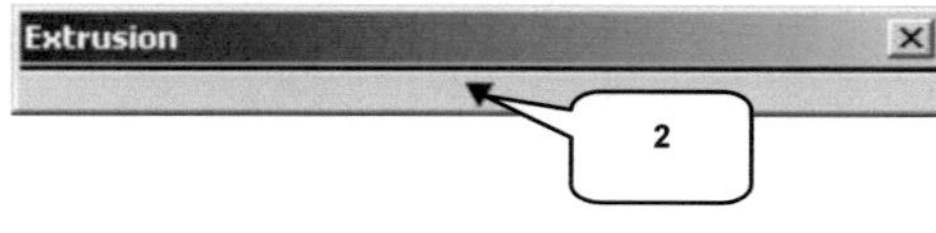

Der Befehl *Extrusion* (1) wird die im Skizzenbereich gezeichnete Kontur in einen Volumenkörper konvertieren. Für die folgenden Eingaben muss das gleichnamige Befehlsfenster erweitert werden (2).

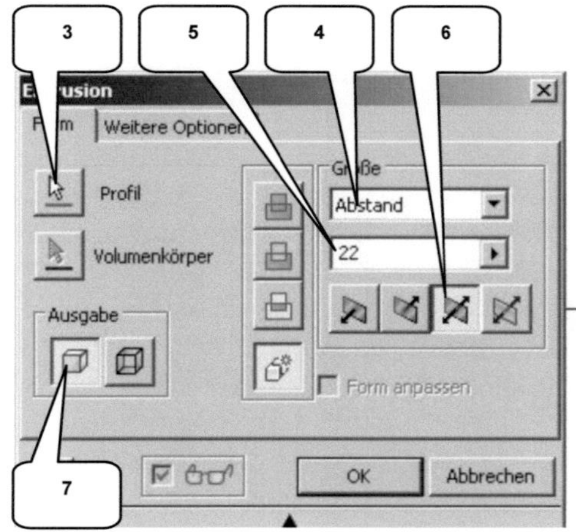

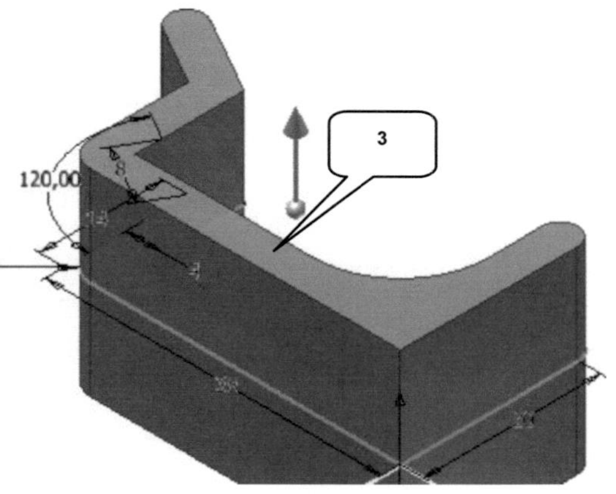

- > *Extrusion* (1)
- > Profil: Fläche der Skizzenkontur (3)
- > Größe: Abstand (4)
- > Wert: [22 mm] (5)

- > Richtung: Symmetrisch (6)
- > Ausgabe: Volumenkörper (7)
- > *OK*

*Sollte es Probleme bei der Auswahl der zu extrudierenden Fläche geben, muss noch einmal per Doppelklick in die letzte Skizze gewechselt werden (im Modellbaum auf **Skizze1** doppelklicken! <u>Nicht</u> den Befehl **2D-Skizze starten**, da dieser keine vorhandene Skizze bearbeiten, sondern eine neue Skizze erzeugen würde). Dort ist zu prüfen, ob die Linienkontur vollständig geschlossen ist. Hierfür muss mit der rechten Maustaste auf eine der Linien geklickt und die Option **Kontur schließen** gewählt werden. Dann den Anweisungen des Programmes folgen und die Linien nacheinander anklicken, um eventuell noch vorhandene Lücken zu schließen.*

5.10 Zeichnen einer Subtraktionsgeometrie

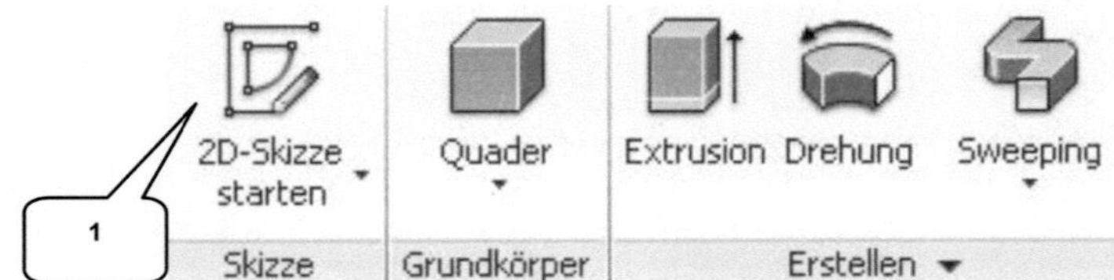

Vom vorhandenen Volumenkörper soll im nächsten Schritt Material entfernt werden. Hierfür muss eine neue *2D-Skizze* (1) auf der markierten Fläche (2) erstellt werden.

> *2D-Skizze starten* (1)
> Markierte Fläche wählen (2)

Da es in den Anwendungsoptionen bereits voreingestellt wurde, sollte sich die gesamte Ansicht jetzt an der neuen Fläche ausrichten. Am *ViewCube* (3) müsste dann die nebenstehende Ansicht *RECHTS* (um 90° gegen den Uhrzeigersinn gedreht) angezeigt werden. Wenn nicht, ist diese Ansicht manuell mit den Pfeilen am ViewCube auszurichten.

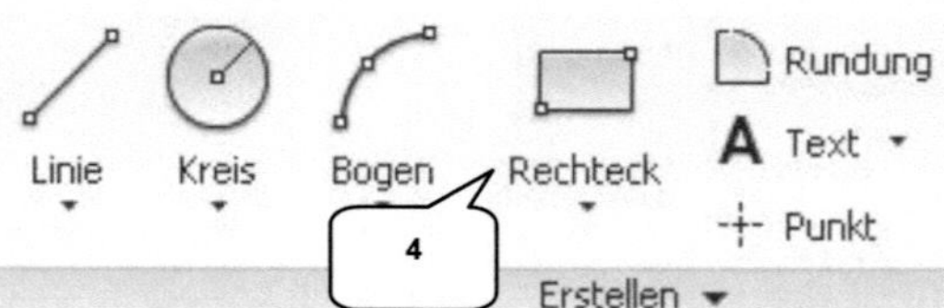

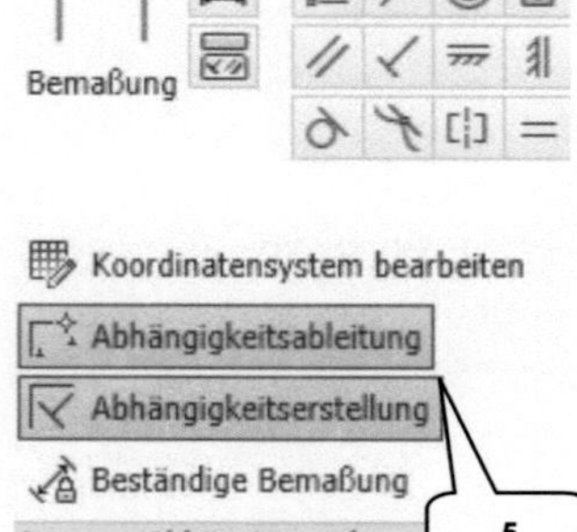

Nach erfolgter Ausrichtung dann die 3 Hauptachsen projizieren und links neben dem vorhandenen Volumenkörper sowie oberhalb der X-Achse ein *Rechteck durch zwei Punkte* (4) zeichnen. Dieses anschließend bemaßen und positionieren. Vor dem Zeichnen des Rechtecks muss erneut die Befehlsgruppe Abhängig machen aufgeklappt werden, um die beiden Optionen *Abhängigkeitsableitung* und *Abhängigkeitserstellung* zu aktivieren (diese sind danach blau unterlegt).

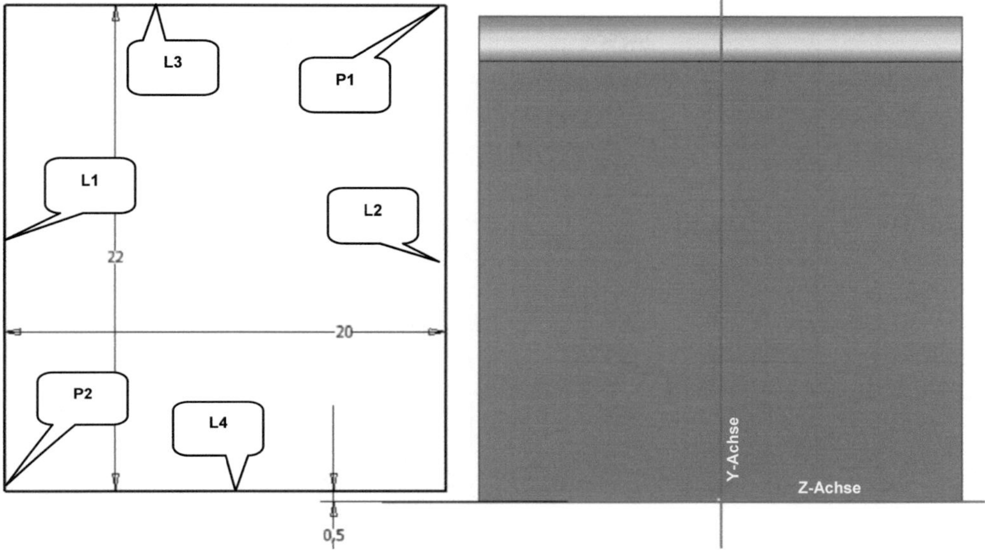

Das Rechteck soll 22 mm hoch und 20 mm breit sein und 0,5 mm oberhalb der Z-Achse und später symmetrisch zur Y-Achse angeordnet werden. Höhe und Breite des Rechtecks sowie Abstand zur Z-Achse bemaßen, indem der Abstand der entsprechenden Linien zueinander bemaßt wird.

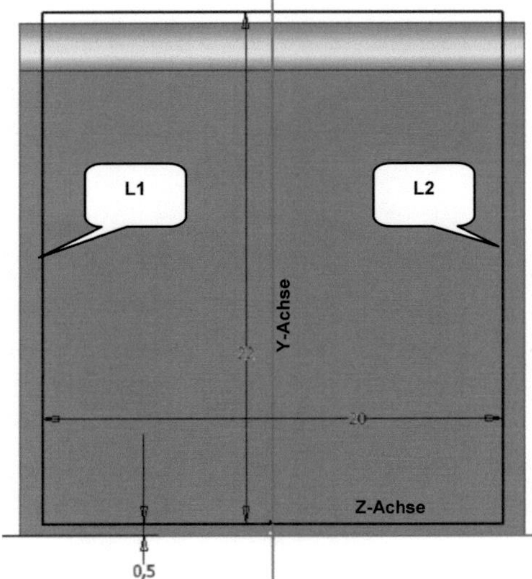

- ➢ Befehlsgruppe **Abhängig machen** aufklappen
- ➢ Aktivieren: Abhängigkeitsableitung (5)
- ➢ Aktivieren: Abhängigkeitserstellung (5)

- ➢ *Geometrie projizieren*
- ➢ Ordner **Ursprung** (Modellbaum) aufklappen
- ➢ X-, Y-, Z-Achse nacheinander wählen
- ➢ *Taste: ESC*

- ➢ *Rechteck durch 2 Punkte* (4)
- ➢ Punkt (P1) frei ablegen
- ➢ Punkt (P2) frei ablegen
- ➢ *Taste: ESC*

➢ **Bemaßung**	➢ **Abhängigkeit Symmetrisch** (6)
➢ (L1) wählen, dann (L2) wählen	➢ Linie (L1) wählen
➢ Abstand: [20 mm]	➢ Linie (L2) wählen
➢ **Taste: ENTER**	➢ Projizierte Y-Achse wählen
➢ (L3) wählen, dann (L4) wählen	➢ **Taste: ESC**
➢ Abstand: [22 mm]	
➢ **Taste: ENTER**	➢ **Skizze fertig stellen**
➢ (L4) wählen, dann projizierte Z-Achse wählen	
➢ Abstand: [0,5 mm]	
➢ **Taste: ENTER**	
➢ **Taste: ESC**	

5.11 Extrudieren der Subtraktionsgeometrie

Das gezeichnete Rechteck soll jetzt vom vorhandenen Volumenkörper subtrahiert werden. Da bereits ein Volumenkörper im Bauteil vorhanden ist, stehen weitere Optionen zur Auswahl (Vereinigung, Differenz, Schnittmenge). Mit dem Befehl **Differenz** wird subtrahiert.

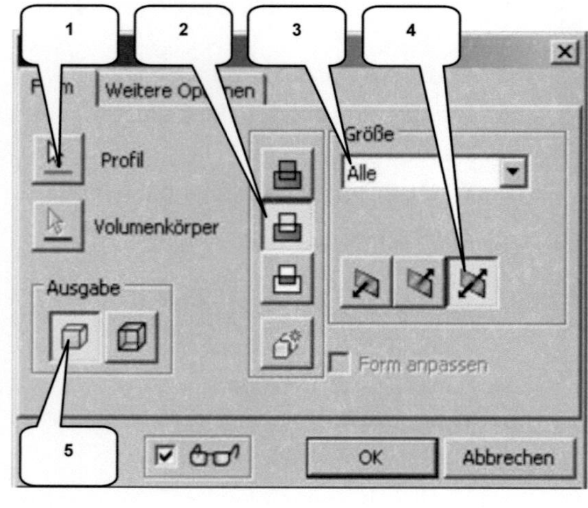
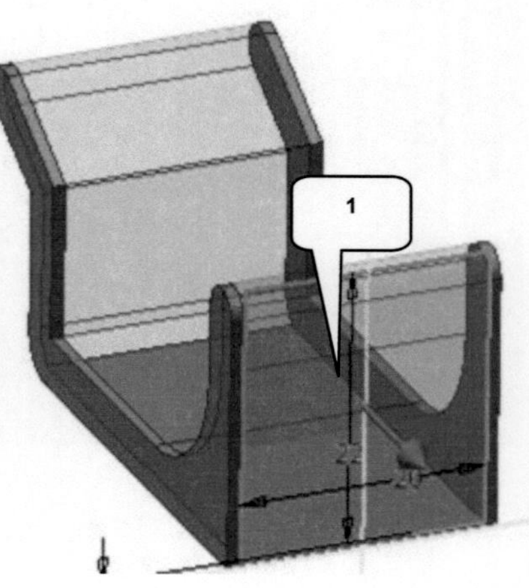

> ***Extrusion***
> ➤ Profil: Rechteck (1)
> ➤ Verfahren: Differenz (2)
> ➤ Größe: Alle (3)

> ➤ Richtung: Symmetrisch (4)
> ➤ Ausgabe: Volumenkörper (5)
> ➤ ***OK***

5.12 Material hinzufügen

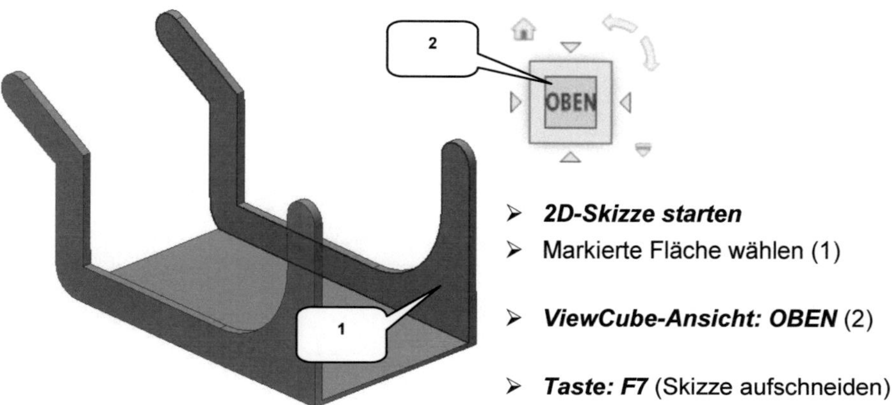

> ***2D-Skizze starten***
> ➤ Markierte Fläche wählen (1)
>
> ➤ ***ViewCube-Ansicht: OBEN*** (2)
>
> ➤ ***Taste: F7*** (Skizze aufschneiden)

*Die **Taste: F7** ermöglicht ein Freischneiden des Sichtbereiches bis zur Skizze. Dieser Befehl ist nur im Skizzenbereich vorhanden und hat keinen Einfluss auf den Volumenkörper selbst.* **!**

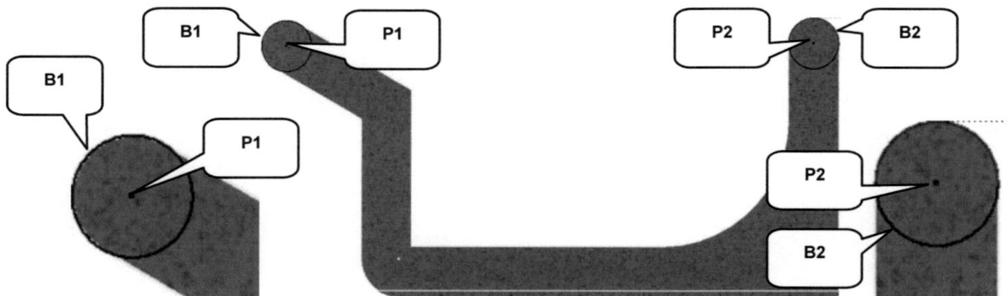

Sollten die Kanten derjenigen Fläche auf welcher die neue Skizze erzeugt wurde nicht automatisch projiziert worden sein, ist dies mittels **Geometrie projizieren** manuell nachzuholen. An den abgerundeten Enden muss jetzt jeweils ein **Kreis durch Mittelpunkt** (3) gezeichnet werden. Die Mittelpunkte der Kreise liegen auf den jeweiligen projizierten Mittelpunkten der Bogenkanten. Die Durchmesser sind identisch mit jenen der projizierten Bögen. Beide Kreise sind anschließend in einer Höhe von 5,5 mm und unter Verwendung des Verfahrens **Vereinigung** zu extrudieren.

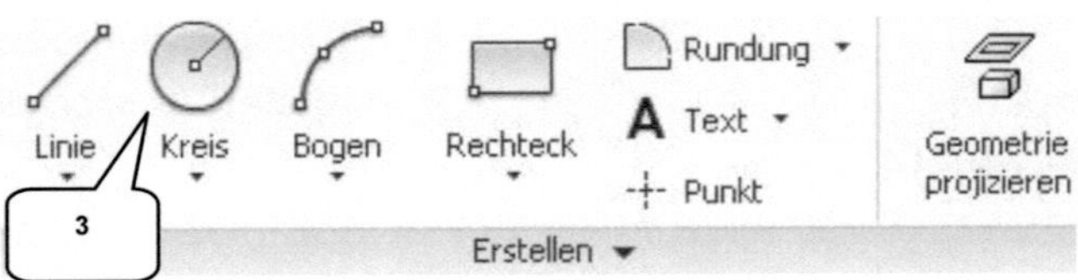

> *Kreis durch Mittelpunkt* (3)

> 1. Punkt (Kreis 1): Punkt (P1) wählen

> 2. Punkt (Kreis 1): Bogen (B1) wählen

> 1. Punkt (Kreis 2): Punkt (P2) wählen

> 2. Punkt (Kreis 2): Bogen (B2) wählen

> *Taste: ESC*

> *Skizze fertig stellen*

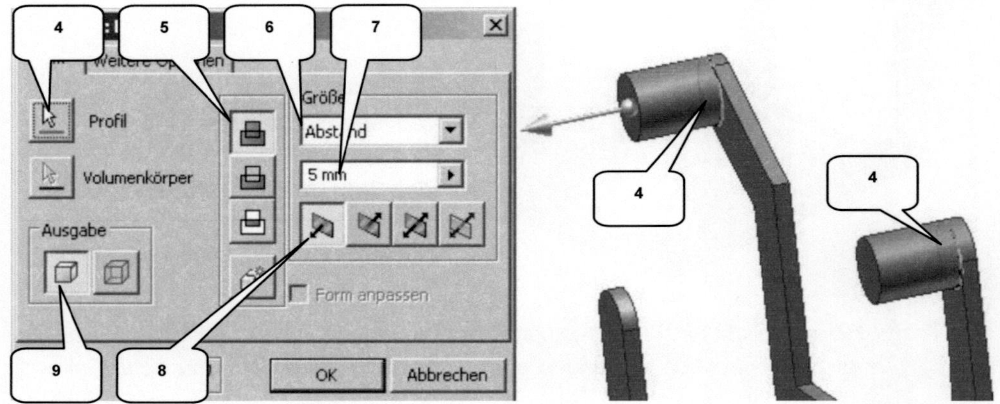

> *Extrusion*

> Profil: Beide Kreise wählen (4)

> Verfahren: Vereinigung (5)

> Größe: Abstand (6)

> Höhe: [5 mm] (7)

> Richtung: Richtung 1 (8)

> Ausgabe: Volumenkörper (9)

> *OK*

5.13 Spiegeln der beiden Zylinder

Um die Extrusion der beiden Zylinder auf die gegenüberliegende Seite des Volumenkörpers zu übertragen, kann der Befehl *Spiegeln* (1) verwendet werden. Jetzt zahlt sich das Einbeziehen des Koordinatensystems in die 2D-Skizze bereits aus, da die XY-Ebene als Spiegelebene verwendet werden kann.

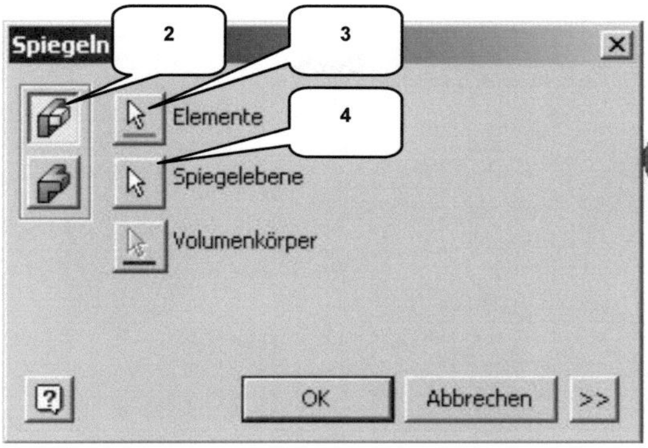

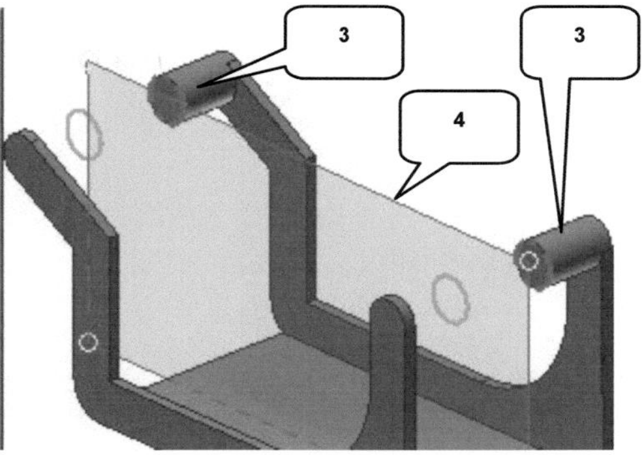

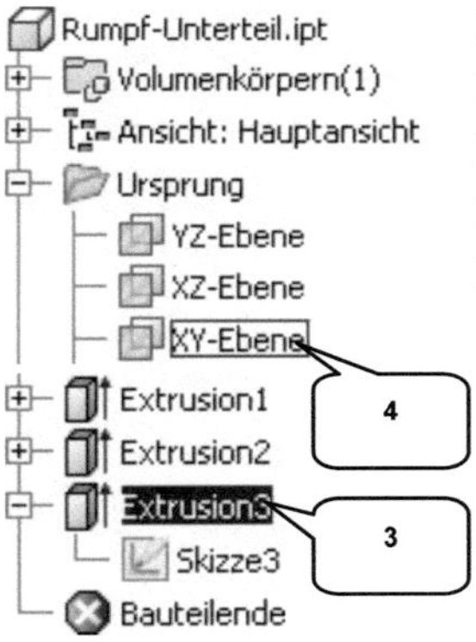

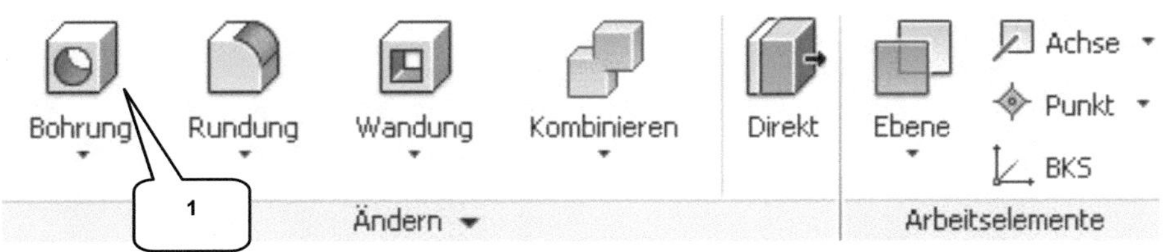

> **Spiegeln** (1)
> Option: Einzelne Elemente spiegeln (2)
> Elemente: Letzte Extrusion im Modellbaum wählen (3)
> Spiegelebene: XY-Ebene (Ordner *Ursprung*) wählen (4)
> **OK**

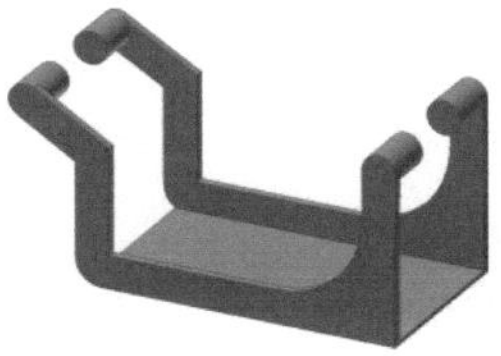

5.14 *Konzentrisches Bohren der Zylinder*

Alle 4 Zylindersegmente sollen abschließend mit einer **Bohrung** (1) versehen werden. Aufgrund der vorhandenen runden Referenzen (Zylinder) ist der Bohrungstyp **Konzentrisch** zu verwenden. Der Bohrungsdurchmesser soll 2,1 mm betragen. Bohrungen dieses Typs können immer nur einzeln erzeugt werden, weshalb 2 separate Arbeitsschritte notwendig.

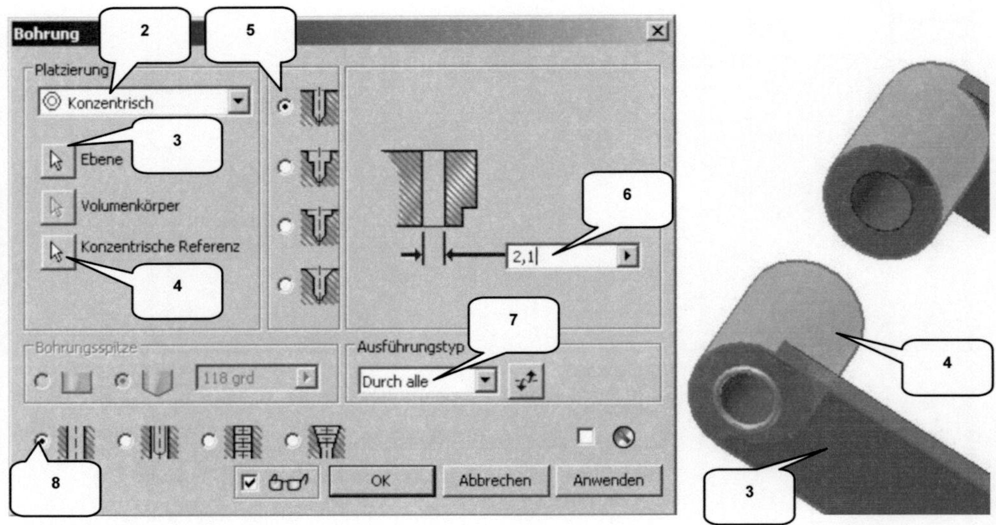

- ➤ *Bohrung* (1)
- ➤ Platzierungstyp: Konzentrisch (2)
- ➤ Ebene: Markierte Fläche wählen (3)
- ➤ Konzentrische Referenz: Markierte Zylinderfläche wählen (4)
- ➤ Option: Bohren (5)
- ➤ Bohrungsdurchmesser: [2,1 mm] (6)
- ➤ Ausführungstyp: Durch alle (7)
- ➤ Option: Einfache Bohrung (8)
- ➤ *OK*

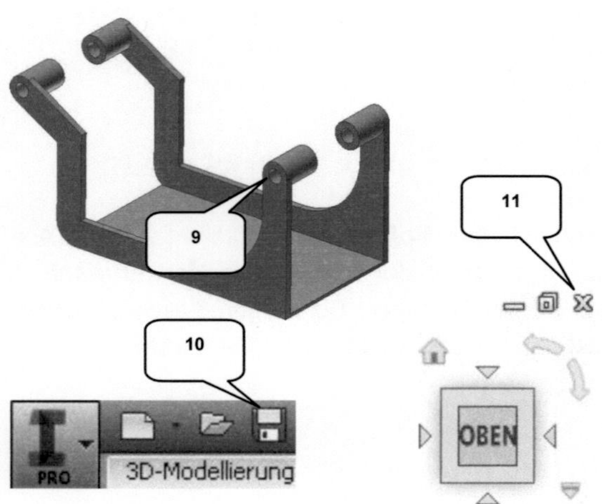

Der Befehl *Bohrung* (1) ist auf der gegenüberliegenden Seite (9) bei den beiden übrig gebliebenen Zylindern mit identischen Werten und dem Platzierungstyp *Konzentrisch* zu wiederholen.

Das Bauteil kann jetzt gespeichert (10) und geschlossen (11) werden.

- ➤ *Speichern* (10)
- ➤ *Datei schließen* (11)

6 Bauteil: Rumpf-Oberteil

6.1 Erstellen der neuen Datei und Zeichnen der Basiskontur

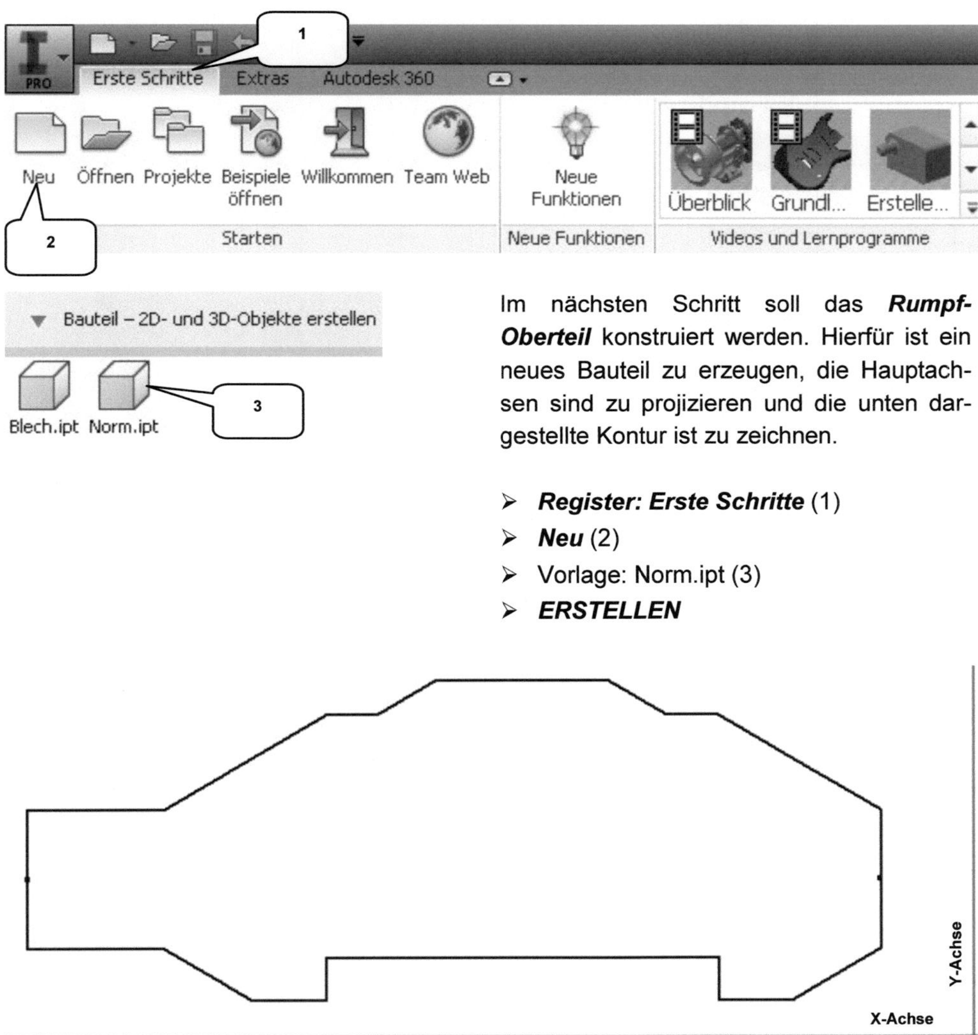

Im nächsten Schritt soll das ***Rumpf-Oberteil*** konstruiert werden. Hierfür ist ein neues Bauteil zu erzeugen, die Hauptachsen sind zu projizieren und die unten dargestellte Kontur ist zu zeichnen.

> ***Register: Erste Schritte*** (1)
> ***Neu*** (2)
> Vorlage: Norm.ipt (3)
> ***ERSTELLEN***

> ***Geometrie projizieren***
> Ordner ***Ursprung*** aufklappen
> 3 Hauptachsen wählen
> ***Taste: ESC***

> ***Linie***
> Oben dargestellte <u>geschlossene</u> Kontur aus insgesamt 18 Linien zeichnen
> ***Taste: ESC***

Die vertikalen und horizontalen Linien sind mit den entsprechenden **Abhängigkeiten** zu versehen. Sollten diese bereits während des Zeichnens erzeugt worden sein, weist das Programm darauf hin.

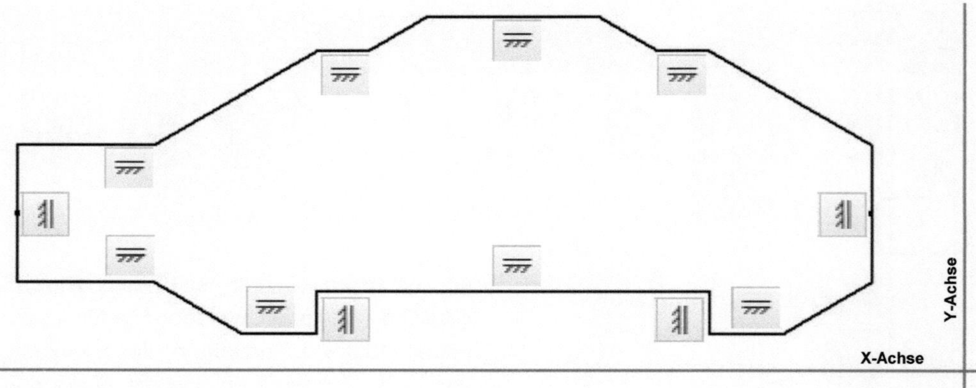

➢ **Abhängigkeit Horizontal**	➢ **Abhängigkeit Vertikal**
➢ Linien ausrichten wie dargestellt	➢ Linien ausrichten wie dargestellt
➢ **Taste: ESC**	➢ **Taste: ESC**

Im Anschluss sind die folgenden **Bemaßungen** (Längen und Winkel) zu vergeben.

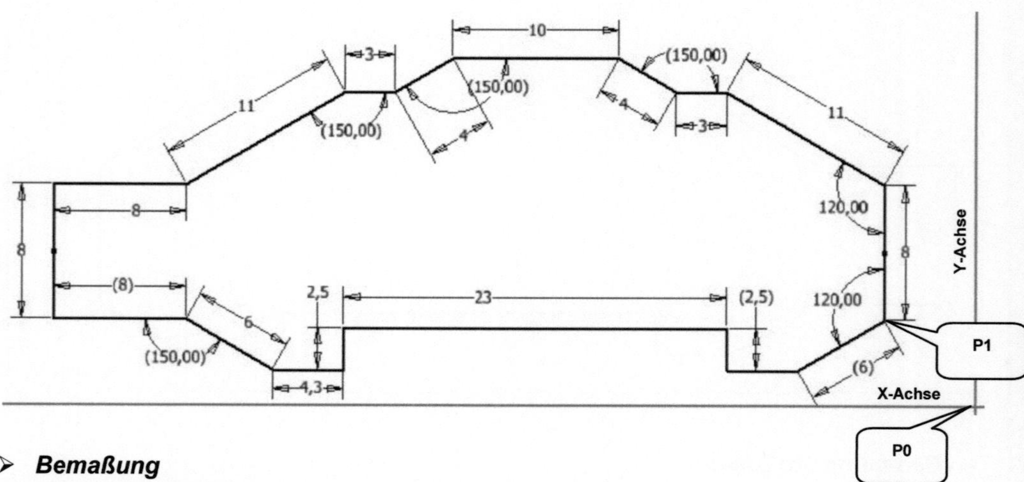

➢ **Bemaßung**

➢ Längen und Winkel übernehmen wie dargestellt

➢ **Taste: ESC**

Die Linienkontur sollte jetzt vollständig bemaßt sein, lediglich der Bezug zum Koordinaten-ursprung fehlt noch. Dies ist mittels Abhängigkeit **Koinzident** von Punkt (P1) der Linienkon-tur und Koordinatenursprungspunkt (P0) zu erzeugen. Anschließend die Skizze beenden.

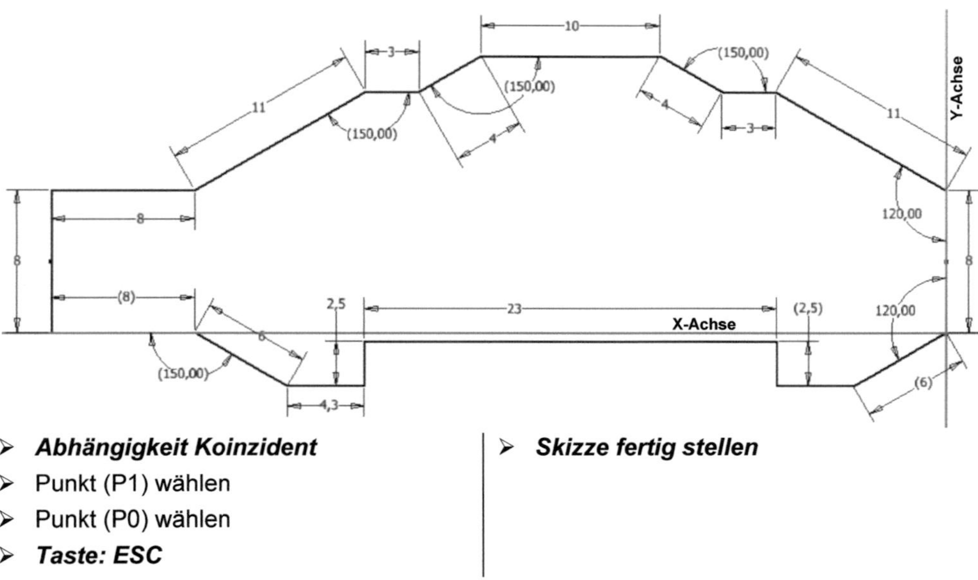

➢ **Abhängigkeit Koinzident**	➢ **Skizze fertig stellen**
➢ Punkt (P1) wählen	
➢ Punkt (P0) wählen	
➢ **Taste: ESC**	

6.2 Extrudieren der Basiskontur

Die geschlossene Linienkontur soll jetzt symmetrisch um 10 mm **extrudiert** werden.

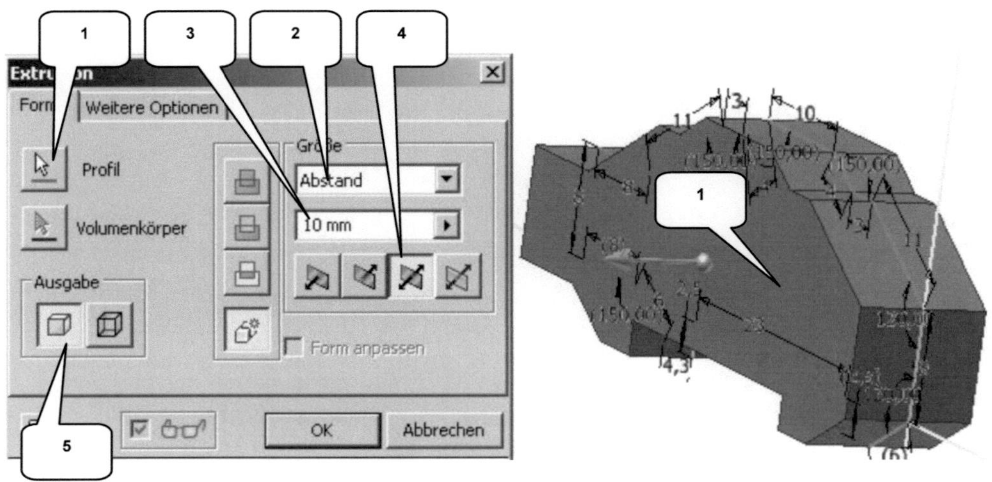

> ***Extrusion***
> ➢ Profil: Kontur wählen (1)
> ➢ Größe: Abstand (2)
> ➢ Wert: [10 mm] (3)

> ➢ Richtung: Symmetrisch (4)
> ➢ Ausgabe: Volumenkörper (5)
> ➢ ***OK***

Da die projizierte X-Achse einen kleinen Teil im unteren Bereich der gezeichneten Linienkontur schneidet, muss bei der Auswahl des Profils darauf geachtet werden, dass der gesamte Bereich der Linienkontur ausgewählt wurde. Ist dies nicht der Fall, ist der untere, abgetrennte Bereich zusätzlich auszuwählen. **!**

6.3   Zeichnen einer Subtraktionsgeometrie

Vom vorhandenen Volumenkörper soll im nächsten Arbeitsschritt Material entfernt werden. Hierfür muss auf der XZ-Ebene eine neue 2D-Skizze erzeugt, die Hauptachsen projiziert und die Ansicht im Anschluss ausgerichtet werden.

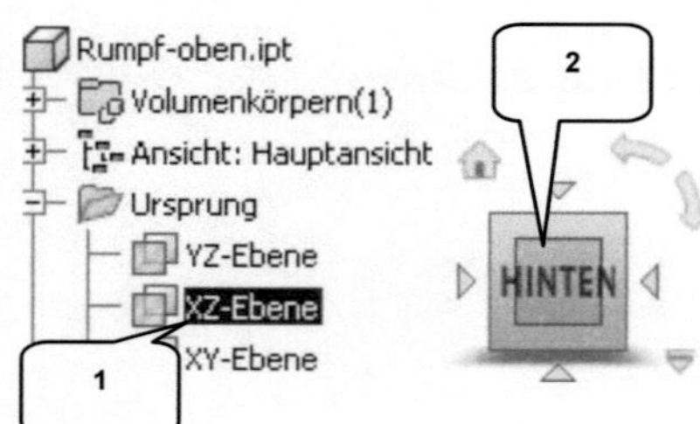

> ➢ ***2D-Skizze starten***
> ➢ XZ-Ebene wählen (1)

> ➢ ***ViewCube-Ansicht: HINTEN*** (2)

> ➢ ***Taste: F7*** (Skizze aufschneiden)

> ➢ ***Geometrie projizieren***
> ➢ X-, Y-, Z-Achse wählen
> ➢ ***Taste: ESC***

Oberhalb des vorhandenen Volumenkörpers und 8 mm rechts neben der projizierten Z-Achse soll ein ***Rechteck*** mit den Abmessungen 34 x 9 mm gezeichnet werden, welches anschließend symmetrisch zur X-Achse anzuordnen ist.

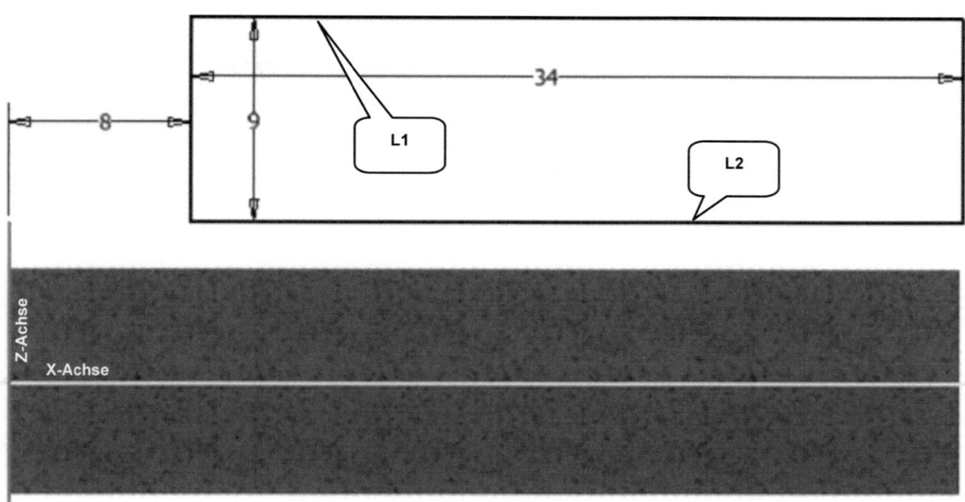

> ***Rechteck durch zwei Punkte***
> Oberes Rechteck zeichnen
> ***Taste: ESC***

> ***Bemaßung***
> Bemaßen wie dargestellt
> ***Taste: ESC***

> ***Abhängigkeit Symmetrisch***
> Linie (L1) wählen
> Linie (L2) wählen
> Projizierte X-Achse wählen
> ***Taste: ESC***

Die Skizze ist im Anschluss durch einen ***Kreis*** (3) zu vervollständigen (Durchmesser 9 mm, Mittelpunkt auf projizierter X-Achse, 21 mm rechts neben der projizierten Z-Achse). Die Skizze kann im Anschluss beendet werden.

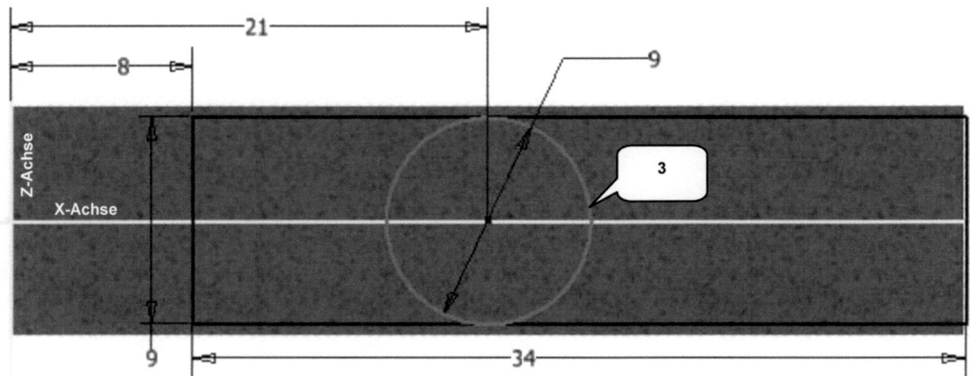

➢ **Kreis durch Mittelpunkt**	➢ **Bemaßung**
➢ Mittelpunkt auf beliebigen Punkt der projizierten X-Achse ablegen	➢ Mittelpunkt des Kreises wählen
	➢ Projizierte Z-Achse wählen
➢ Durchmesser: [9 mm]	➢ Wert: [21 mm]
➢ **Taste: ENTER**	➢ **Taste: ESC**
➢ **Taste: ESC**	
	➢ **Skizze fertig stellen**

6.4 Extrudieren der Subtraktionsgeometrie

Die gezeichnete Skizzengeometrie muss jetzt vom vorhandenen Volumenkörper mittels **Extrusion** subtrahiert werden (Verfahren: Differenz). Hierbei ist darauf zu achten, dass nur jene Flächenabschnitte innerhalb des Rechtecks gewählt werden, welche bis an den Kreis heran ragen (1). Der Kreis selbst darf nicht subtrahiert werden.

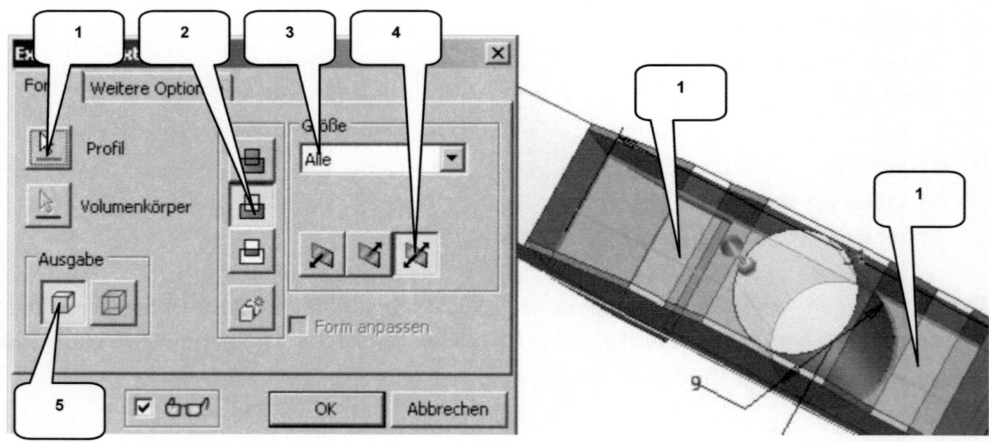

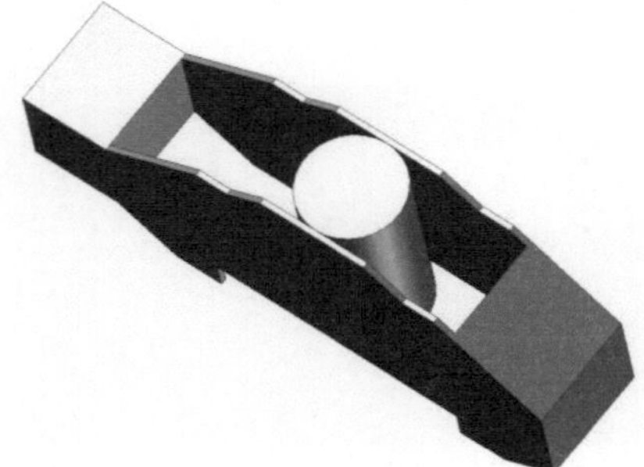

➢ **Extrusion**

➢ Profil: Beide markierte (Teil-) Flächen (<u>nicht</u> den Kreis) (1)

➢ Verfahren: Differenz (2)

➢ Größe: Alle (3)

➢ Richtung: Symmetrisch (4)

➢ Ausgabe: Volumenkörper (5)

➢ **OK**

6.5 Platzieren einer linearen Bohrung

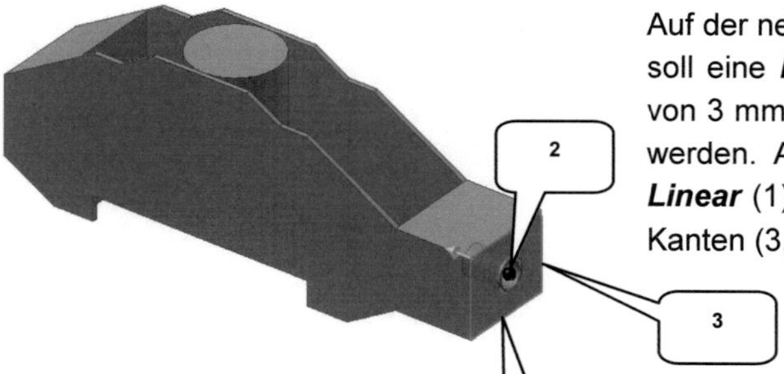

Auf der nebenstehend markierten Fläche (2) soll eine **Bohrung** mit einem Durchmesser von 3 mm und einer Tiefe von 4 mm erstellt werden. Als Platzierungstyp ist die Option **Linear** (1) zu verwenden, wobei die beiden Kanten (3, 4) als Referenzen dienen.

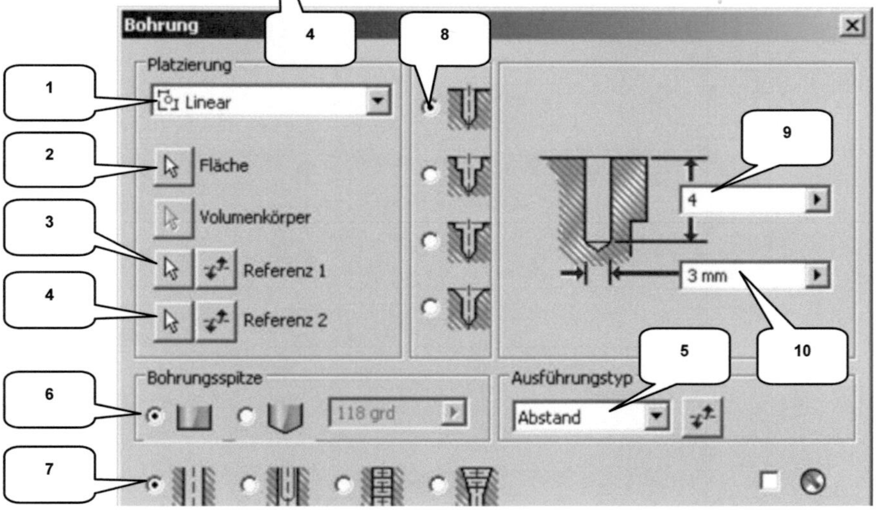

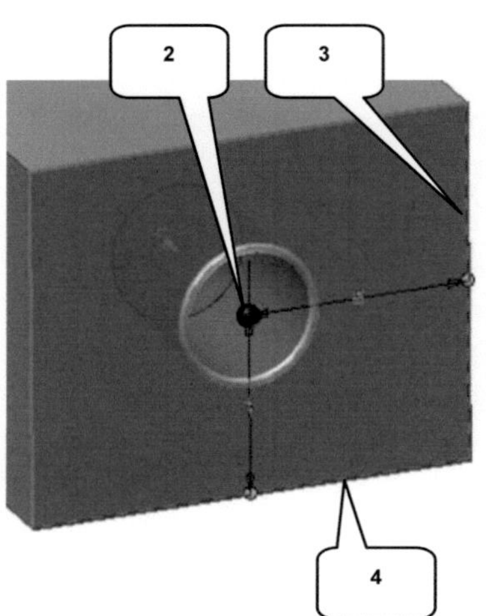

- > **Bohrung**
- > Platzierungstyp: Linear (1)
- > Fläche: Markierte Fläche (2) wählen
- > Referenz 1: Markierte Kante (3), Abstand: [5 mm]
- > Referenz 2: Markierte Kante (4), Abstand: [4 mm]
- > Ausführungstyp: Abstand (5)
- > Bohrungsspitze: Flach (6)
- > Option: Einfache Bohrung (7)
- > Option: Bohrung (8)
- > Bohrungstiefe: [4 mm] (9)
- > Bohrungsdurchmesser: [3 mm] (10)
- > **OK**

6.6   Platzieren einer konzentrischen Bohrung

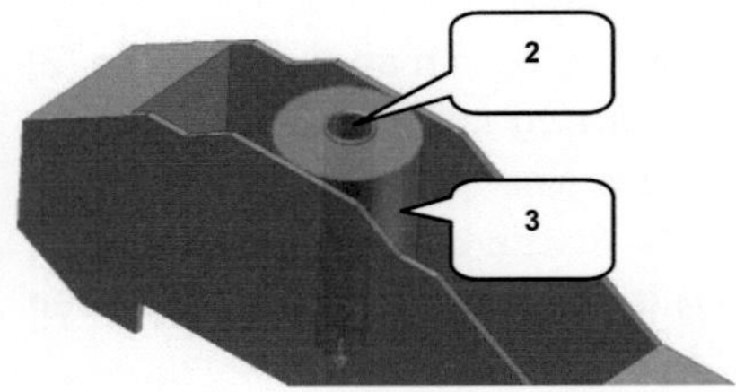

Im vorläufig letzten Arbeitsschritt an diesem Bauteil soll auf der markierten Fläche des Zylinders (2) eine konzentrische **Bohrung** mit einem Durchmesser von 2 mm und einer Tiefe von 5 mm platziert werden.

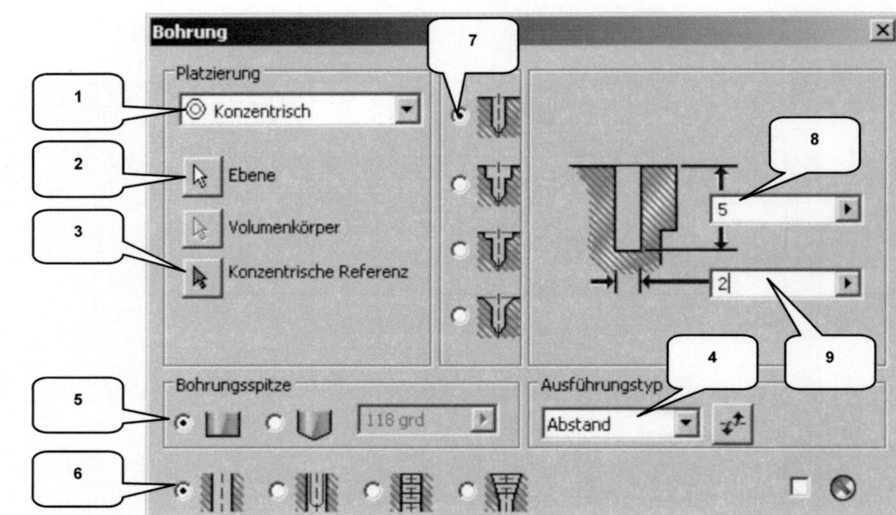

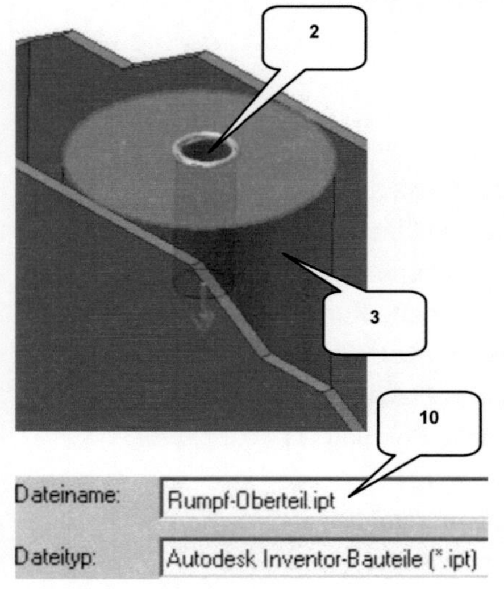

> **Bohrung**
> Platzierungstyp: Konzentrisch (1)
> Ebene: Markierte Fläche wählen (2)
> Konzentrische Referenz: Zylinderfläche (3)
> Ausführungstyp: Abstand (4)
> Bohrungsspitze: Flach (5)
> Option: Einfache Bohrung (6)
> Option: Bohrung (7)
> Bohrungstiefe: [5 mm] (8)
> Bohrungsdurchmesser: [2 mm] (9)
> **OK**
>
> **Speichern** als: **Rumpf-Oberteil** (10)
> **Datei schließen**

Dateiname: Rumpf-Oberteil.ipt

Dateityp: Autodesk Inventor-Bauteile (*.ipt)

7 Bauteil: Landegestell

7.1 Erstellen der neuen Datei und Zeichnen der ersten Skizze

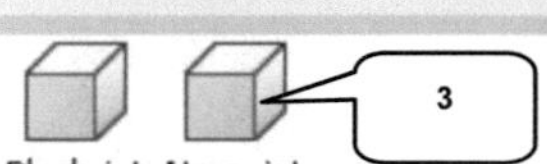

Im nächsten Schritt soll das **Landegestell** konstruiert werden. Hierfür ist ein neues Bauteil zu erzeugen. Im Skizzenbereich sind die 3 Hauptachsen zu **projizieren** und ein **Rechteck** zu zeichnen.

- ➢ **Register: Erste Schritte** (1)
- ➢ **Neu** (2)
- ➢ Vorlage: Norm.ipt (3)
- ➢ **ERSTELLEN**

- ➢ **Geometrie projizieren**
- ➢ Ordner **Ursprung** aufklappen
- ➢ 3 Hauptachsen wählen
- ➢ **Taste: ESC**

- ➢ **Rechteck durch zwei Punkte**
- ➢ Rechteck zeichnen wie dargestellt
- ➢ **Taste: ESC**

- ➢ **Bemaßung**
- ➢ Größe des Rechtecks und Abstand zu den Achsen bemaßen wie dargestellt
- ➢ **Taste: ESC**

- ➢ **Skizze fertig stellen**

7.2 Zeichnen der zweiten Skizze

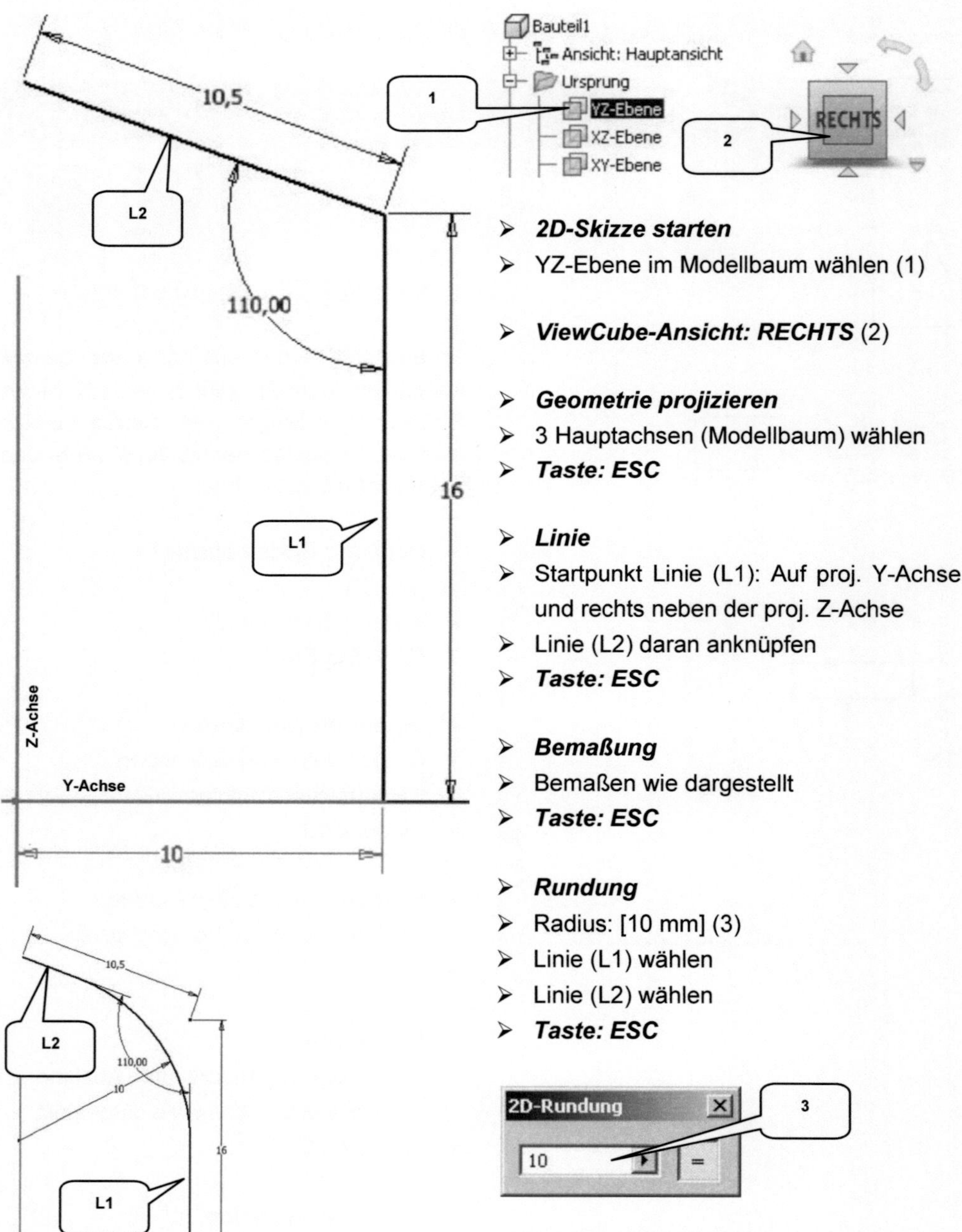

> ➤ **2D-Skizze starten**
> ➤ YZ-Ebene im Modellbaum wählen (1)
>
> ➤ **ViewCube-Ansicht: RECHTS** (2)
>
> ➤ **Geometrie projizieren**
> ➤ 3 Hauptachsen (Modellbaum) wählen
> ➤ **Taste: ESC**
>
> ➤ **Linie**
> ➤ Startpunkt Linie (L1): Auf proj. Y-Achse und rechts neben der proj. Z-Achse
> ➤ Linie (L2) daran anknüpfen
> ➤ **Taste: ESC**
>
> ➤ **Bemaßung**
> ➤ Bemaßen wie dargestellt
> ➤ **Taste: ESC**
>
> ➤ **Rundung**
> ➤ Radius: [10 mm] (3)
> ➤ Linie (L1) wählen
> ➤ Linie (L2) wählen
> ➤ **Taste: ESC**
>
> ➤ **Skizze fertig stellen**

7.3 Erstellen des Sweeping-Objektes

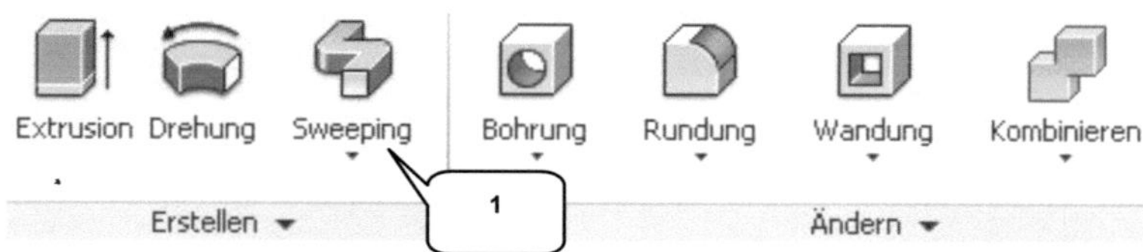

Das Rechteck aus Skizze 1 soll jetzt entlang des Pfades aus Skizze 2 geführt und damit in einen Volumenkörper konvertiert werden. Zu verwenden ist der Befehl **Sweeping** (1).

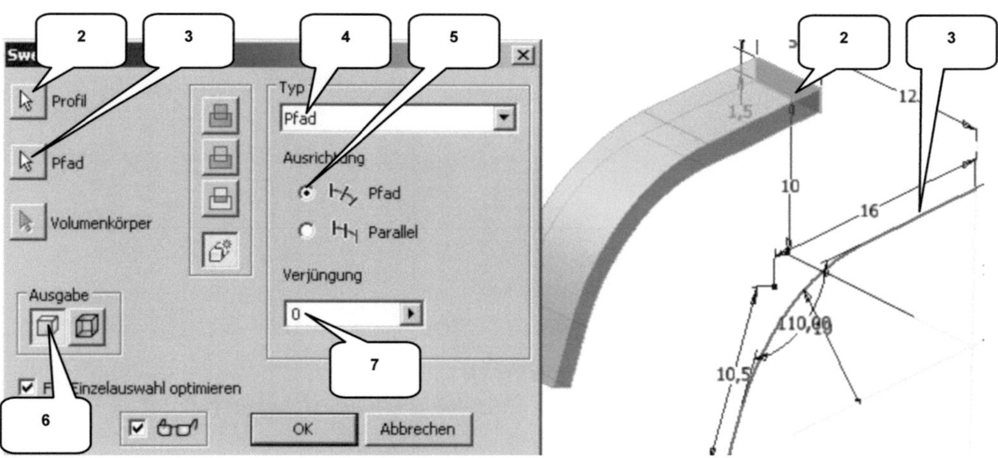

> **Sweeping** (1)
> Profil: Rechteck (Skizze 1) wählen (2)
> Pfad: Kontur (Skizze 2) wählen (3)
> Typ: Pfad (4)

> Ausrichtung: Pfad (5)
> Ausgabe: Volumenkörper (6)
> Verjüngung: [0°] (7)
> **OK**

*Sollte die Frage **Pfad schneidet Profil nicht** auftauchen, kann diese mit **Ja** beantwortet werden.* **!**

7.4 Spiegeln des Sweeping-Objektes

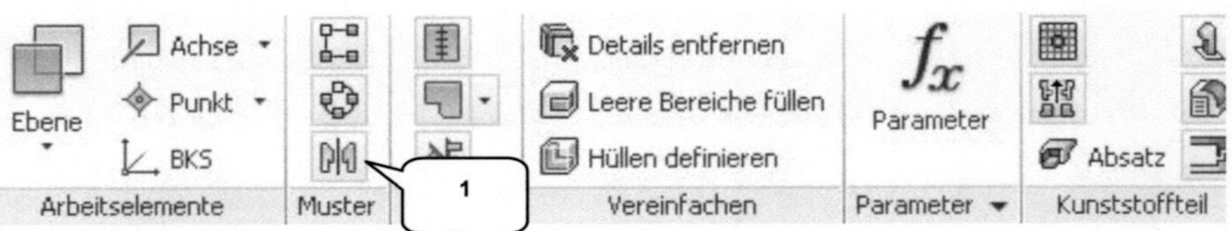

Das Sweeping-Objekt ist jetzt an der YZ-Ebene zu *spiegeln* (1) werden.

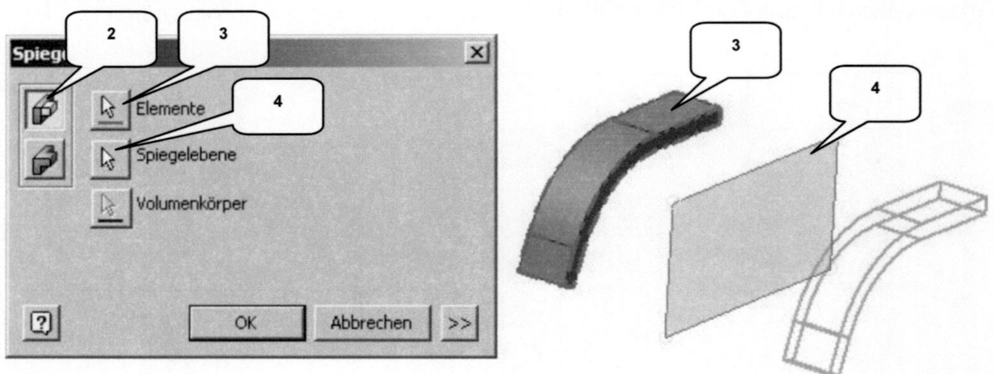

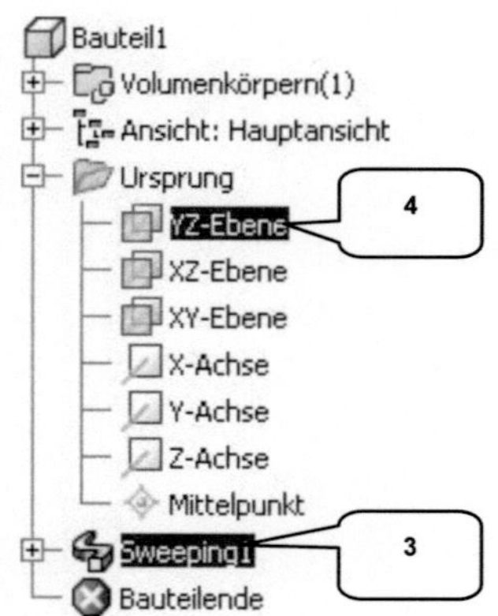

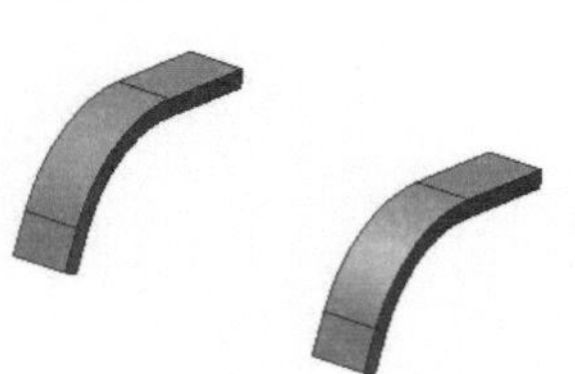

- ➤ *Spiegeln* (1)
- ➤ Option: Einzelne Elemente spiegeln (2)
- ➤ Elemente: Sweeping1 (Modellbaum) wählen (3)
- ➤ Spiegelebene: YZ-Ebene (Modellbaum) wählen (4)
- ➤ *OK*

Nach den beiden ersten Arbeitsschritten sollte das neue Bauteil gespeichert werden.

- ➤ *Speichern*
- ➤ Dateiname: *Landegestell* (5)
- ➤ Dateityp: (*.ipt)
- ➤ *Speichern*

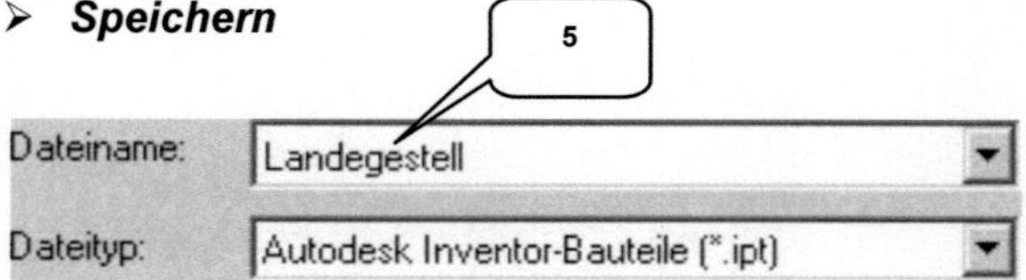

7.5 Zeichnen weiterer Skizzen

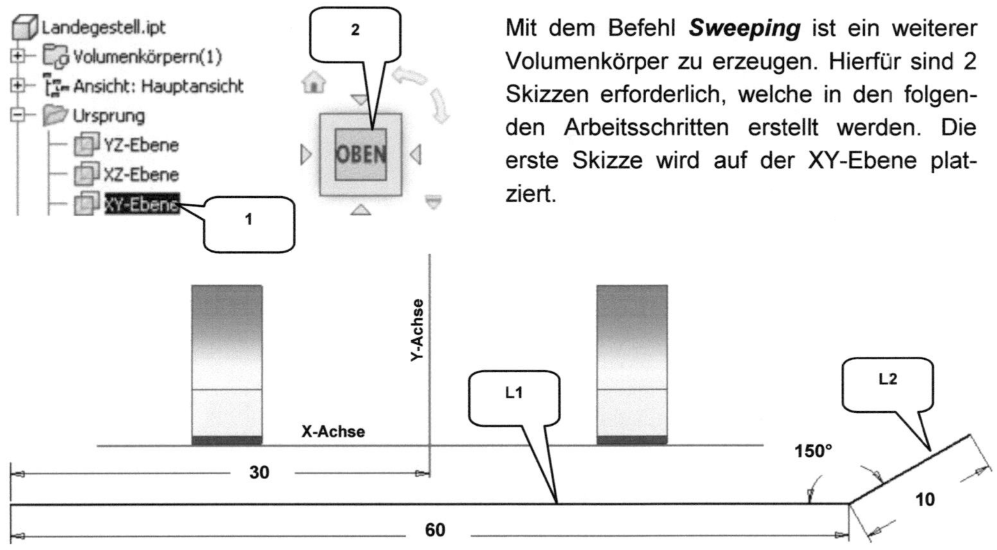

Mit dem Befehl *Sweeping* ist ein weiterer Volumenkörper zu erzeugen. Hierfür sind 2 Skizzen erforderlich, welche in den folgenden Arbeitsschritten erstellt werden. Die erste Skizze wird auf der XY-Ebene platziert.

> **2D-Skizze starten**
> XY-Ebene im Modellbaum wählen (1)

> **ViewCube-Ansicht: OBEN** (2)

> **Geometrie projizieren**
> 3 Hauptachsen wählen
> **Taste: ESC**

> **Linie**
> Linien (L1) und (L2) unterhalb der projizierten X-Achse zeichnen wie dargestellt
> **Taste: ESC**

> **Bemaßung**
> Bemaßen wie dargestellt
> **Taste: ESC**

> **Rundung**
> Radius: [10 mm] (3)
> Linie (L1) wählen
> Linie (L2) wählen
> **Taste: ESC**

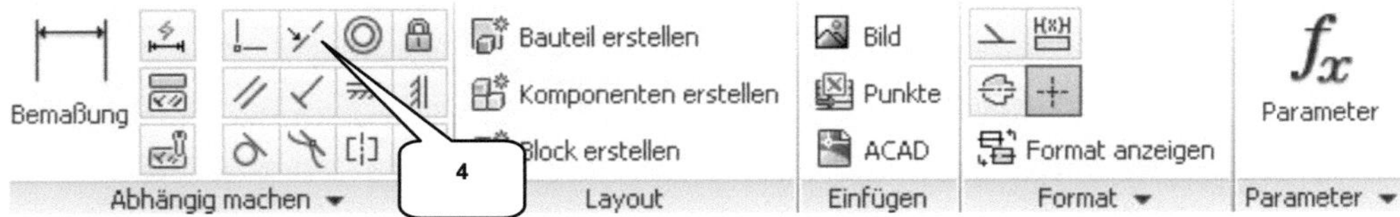

Die Linie (L1) soll jetzt mit der Abhängigkeit *Kollinear* (4) auf der X-Achse platziert werden.

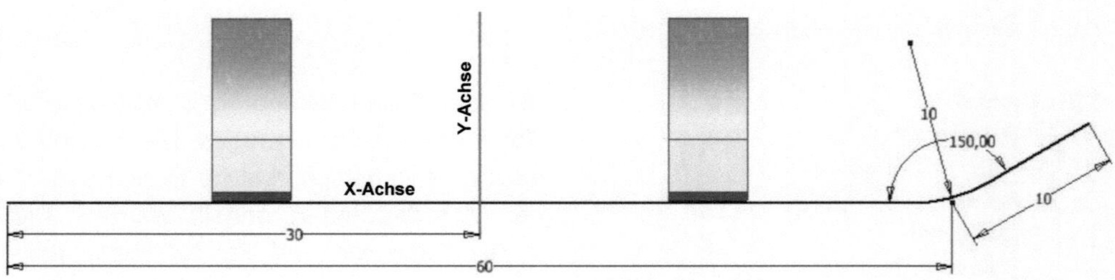

> *Abhängigkeit Kollinear* (4)
> Linie (L1) wählen
> Projizierte X-Achse wählen

> *Taste: ESC*

> *Skizze fertig stellen*

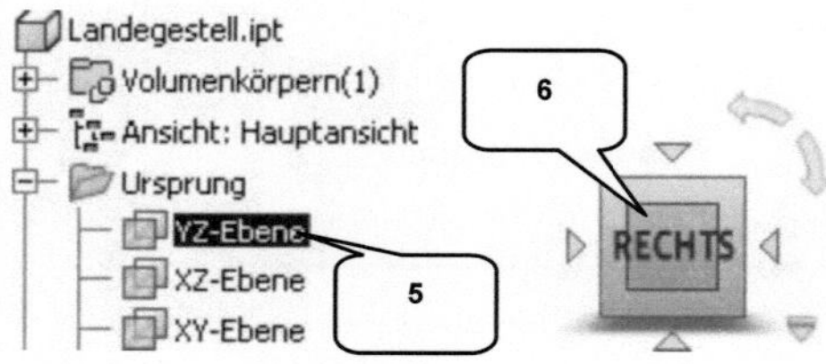

Die zweite Skizze ist auf der YZ-Ebene zu erzeugen. Auch hier sind die Hauptachsen zu projizieren. Sie wird lediglich einen Kreis enthalten, welcher anschließend entlang des in der ersten Skizze gezeichneten Pfades geführt werden soll.

> *2D-Skizze starten*
> YZ-Ebene im Modellbaum wählen (5)

> *ViewCube-Ansicht: RECHTS* (6)

> *Geometrie projizieren*
> 3 Hauptachsen wählen
> *Taste: ESC*

> *Kreis durch Mittelpunkt*
> Kreis zeichnen (Mittelpunkt auf projizierter Z-Achse)
> *Taste: ESC*

> *Bemaßung*
> Bemaßen wie dargestellt
> *Taste: ESC*

> *Skizze fertig stellen*

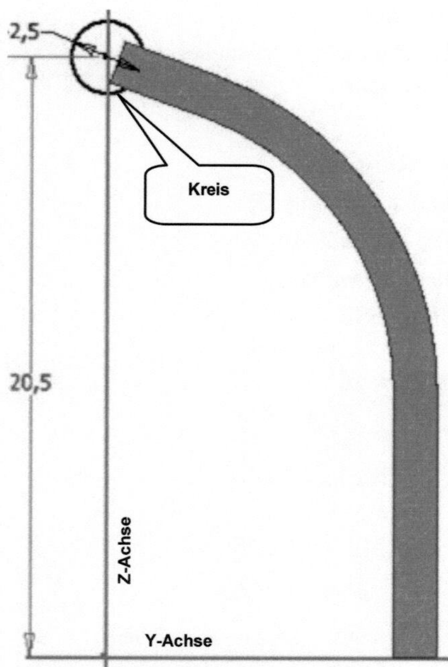

7.6 Erstellen des Sweeping-Objektes

Der Kreis soll jetzt entlang der Linienkontur aus Skizze 3 *gesweept* werden.

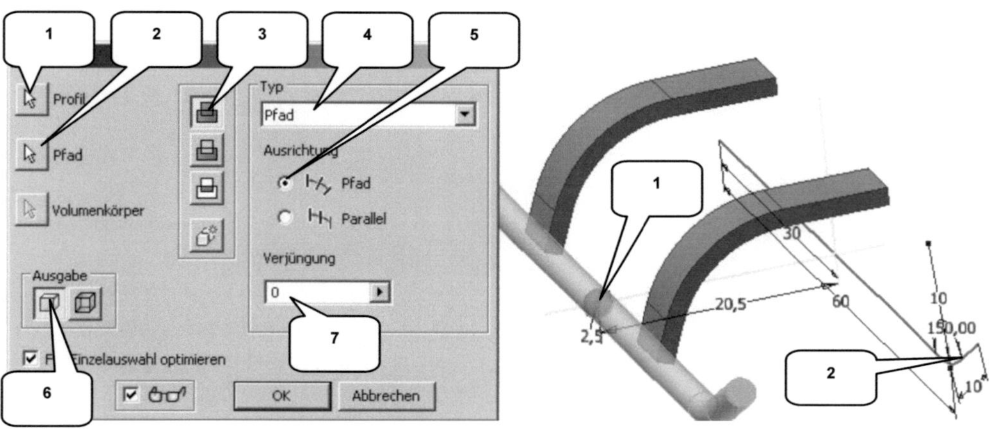

> ***Sweeping***
> Profil: Kreis aus Skizze 4 wählen (1)
> Pfad: Kontur aus Skizze 3 wählen (2)
> Verfahren: Vereinigung (3)
> Typ: Pfad (4)

> Ausrichtung: Pfad (5)
> Ausgabe: Volumenkörper (6)
> Verjüngung: [0°] (7)
> ***OK***

Bei der Auswahl des Pfades sollte die Linienkontur im vorderen Bereich (Linie L2) angeklickt werden, um eine unbeabsichtigte Auswahl der projizierten X-Achse zu vermeiden. **!**

7.7 Runden des letzten Sweeping-Objektes

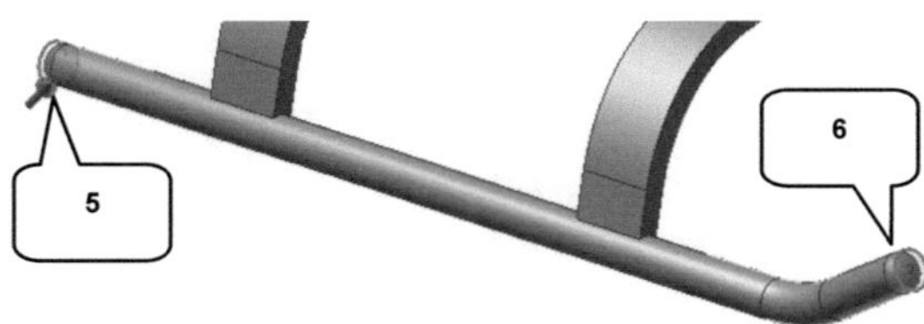

Die Zylinderkanten am Anfang und am Ende des zuletzt erzeugten Sweeping-Objektes sind jetzt mit dem Befehl ***Rundung*** (1) in einem Radius von 1 mm abzurunden.

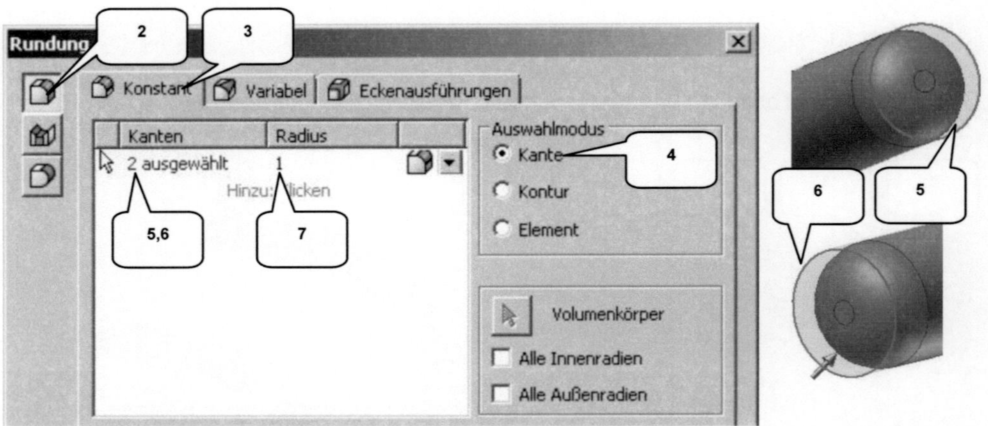

➢ **Rundung** (1)

➢ Option: Kantenabrundung (2)

➢ Reiter: Konstant (3)

➢ Auswahlmodus: Kante (4)

➢ Kanten: Zylinderkanten wählen (5, 6)

➢ Radius: [1 mm] (7)

➢ **OK**

7.8 Spiegeln des gesamten Volumenkörpers

Der gesamte Volumenkörper soll jetzt an der XY-Ebene **gespiegelt** werden. Das Bauteil kann anschließend gespeichert und geschlossen werden.

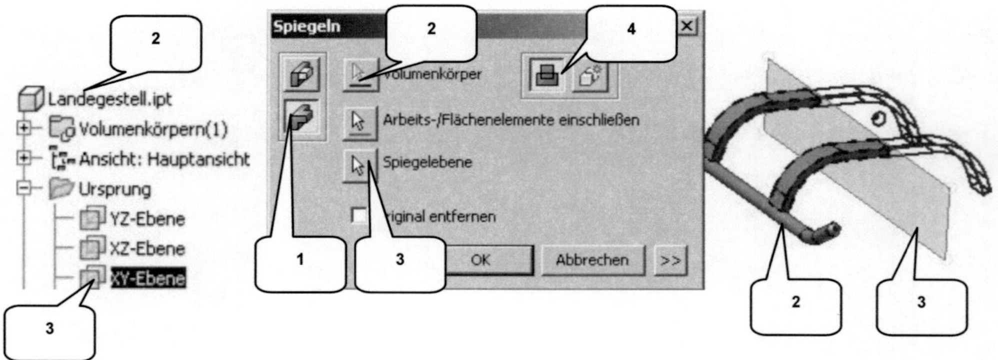

➢ **Spiegeln**

➢ Option: Volumenkörper spiegeln (1)

➢ Volumenkörper: (automatisch) (2)

➢ Spiegelebene: XY-Ebene (3)

➢ Verfahren: Vereinigung (4)

➢ **OK**

➢ **Bauteil speichern**

➢ **Bauteil schließen**

8 Bauteil: Hauptrotor

8.1 Erstellen der neuen Datei und Zeichnen der ersten Konturen

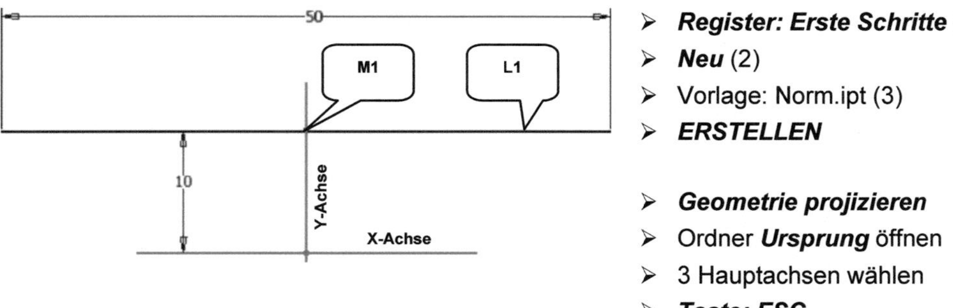

Im nächsten Schritt soll der *Hauptrotor* konstruiert werden. Hierfür ist ein neues Bauteil zu erzeugen.

In der sich öffnenden Skizze sind die 3 Hauptachsen zu *projizieren* und eine *Linie* zu zeichnen.

> *Register: Erste Schritte* (1)
> *Neu* (2)
> Vorlage: Norm.ipt (3)
> *ERSTELLEN*

> *Geometrie projizieren*
> Ordner *Ursprung* öffnen
> 3 Hauptachsen wählen
> *Taste: ESC*

> *Linie*
> Linie (L1) zeichnen wie dargestellt
> *Taste: ESC*

> *Bemaßung*
> Linie bemaßen wie dargestellt
> *Taste: ESC*

> *Abhängigkeit Koinzident*
> Mittelpunkt (M1) der Linie (L1) wählen
> Projizierte Y-Achse wählen
> *Taste: ESC*

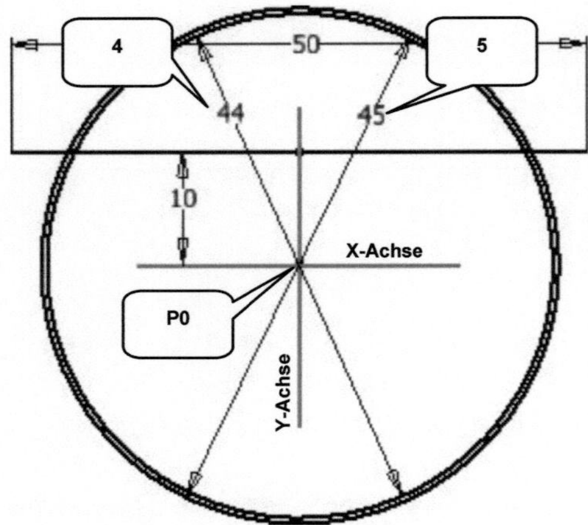

Vom Koordinatenursprung aus sollen jetzt 2 *Kreise* gezeichnet werden. Die Eingabe des Durchmessers erfolgt während des Zeichnens.

- ➤ *Kreis durch Mittelpunkt*
- ➤ Mittelpunkt 1. Kreis: Koordinatenursprung (P0)
- ➤ Durchmesser 1. Kreis: [44 mm] (4)
- ➤ *Taste: ENTER*
- ➤ Mittelpunkt 2. Kreis: Koordinatenursprung (P0)
- ➤ Durchmesser 2. Kreis: [45 mm (5)
- ➤ *Taste: ENTER*
- ➤ *Taste: ESC*

8.2 Stutzen der Zeichenobjekte

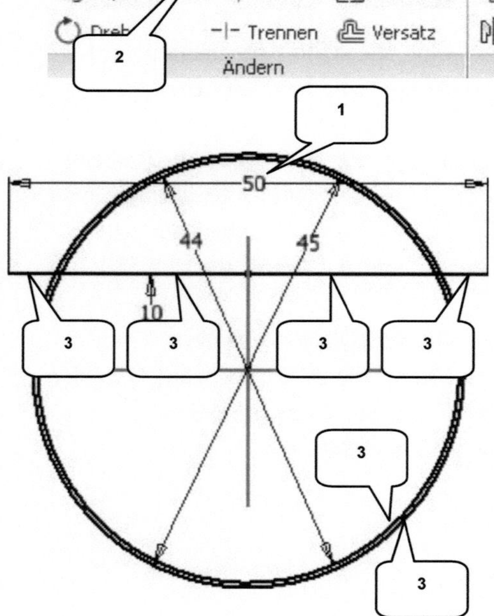

Vor dem *Stutzen* (2) der einzelnen Liniensegmente muss die Bemaßung der Linienlänge (1) gelöscht werden. Diese ist zu markieren und mit der Taste *ENTF* (Entfernen) zu löschen.

- ➤ Längenmaß (50 mm) der Linie markieren (1)
- ➤ *Taste: ENTF*

- ➤ *Stutzen* (2)
- ➤ Alle 4 markierten Segmente der Linie und die beiden markierten Abschnitte der Kreise wählen (3)
- ➤ *Taste: ESC*

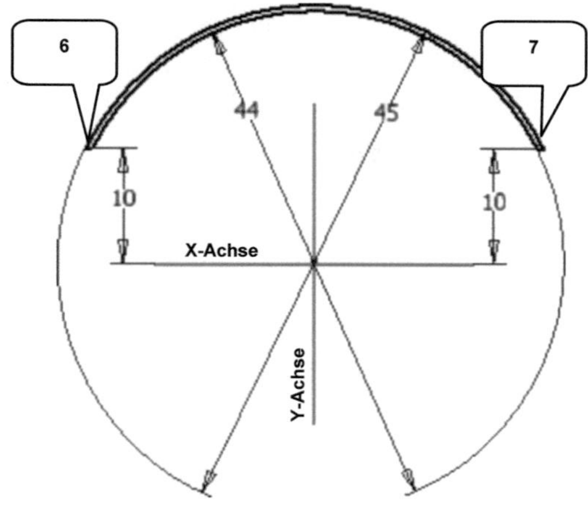

Da die Skizze noch nicht voll bestimmt ist, muss der Befehl **Automatische Bemaßung** (4) verwendet werden.

> **Automatische Bemaßung** (4)
> Aktivieren: Bemaßungen (5)
> Aktivieren: Abhängigkeiten (5)
> **ANWENDEN**
> **FERTIG**

> **Skizze fertig stellen**

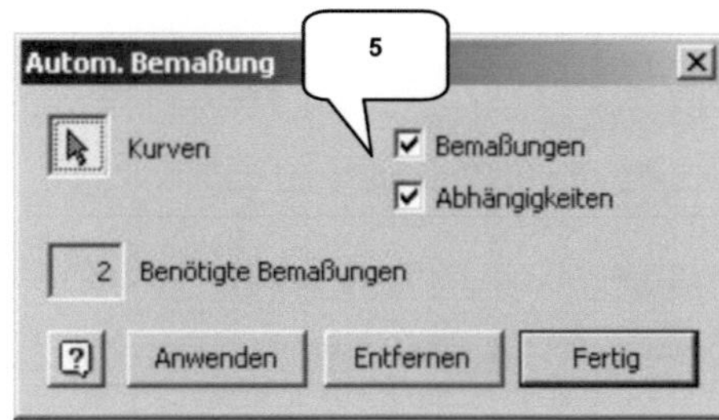

Die beiden Enden der Bögen sollten nach Abschluss des letzten Befehls noch einmal kontrolliert werden. Wie in Position (6) und (7) dargestellt, müsste die Kontur geschlossen sein. **!**

8.3   Volumenkörper mittels Extrusion erzeugen

Das in der vorherigen Skizze erzeugte geschlossene Zeichenobjekt soll durch eine **Extrusion** um 180 mm symmetrisch in einen Volumenkörper konvertiert werden.

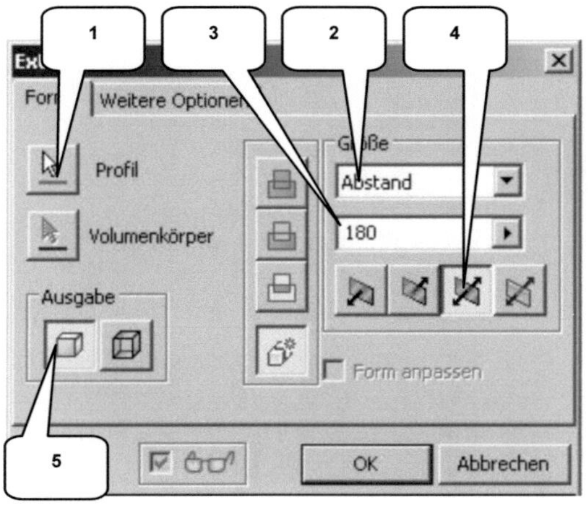

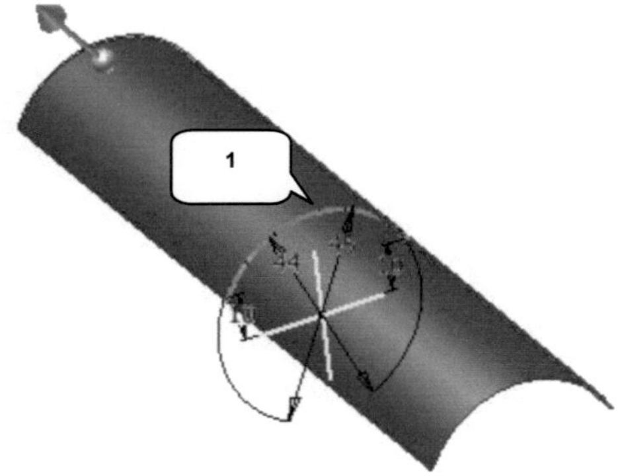

➤ *Extrusion*
➤ Profil: Bogenkontur wählen (1)
➤ Größe: Abstand (2)
➤ Wert: [180 mm] (3)

➤ Richtung: Symmetrisch (4)
➤ Ausgabe: Volumenkörper (5)
➤ *OK*

8.4 Zeichnen der zweiten Kontur

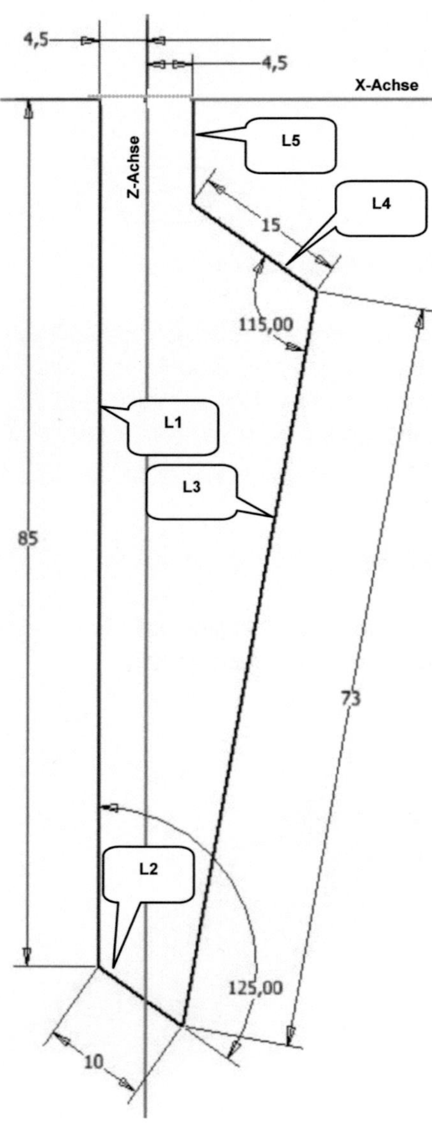

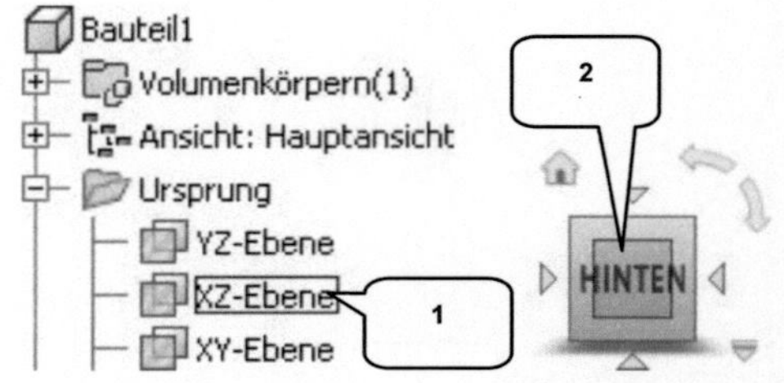

➤ *2D-Skizze starten*
➤ XZ-Ebene im Modellbaum wählen (1)

➤ *ViewCube-Ansicht: HINTEN* (2)
➤ *Taste: F7* (Skizze aufschneiden)

➤ *Geometrie projizieren*
➤ 3 Hauptachsen wählen
➤ *Taste: ESC*

➤ *Linie*
➤ Linienkontur aus 5 zusammenhängenden Linien (L1...L5) zeichnen wie dargestellt (unterhalb der X-Achse)
➤ *Taste: ESC*

➤ *Bemaßung*
➤ Linienkontur bemaßen wie dargestellt
➤ *Taste: ESC*

Linie (L1) startet auf der X-Achse, Linie (L5) endet auf der X-Achse. Zwischen (L1) und (L5) auf der X-Achse liegt keine andere Linie. **!**

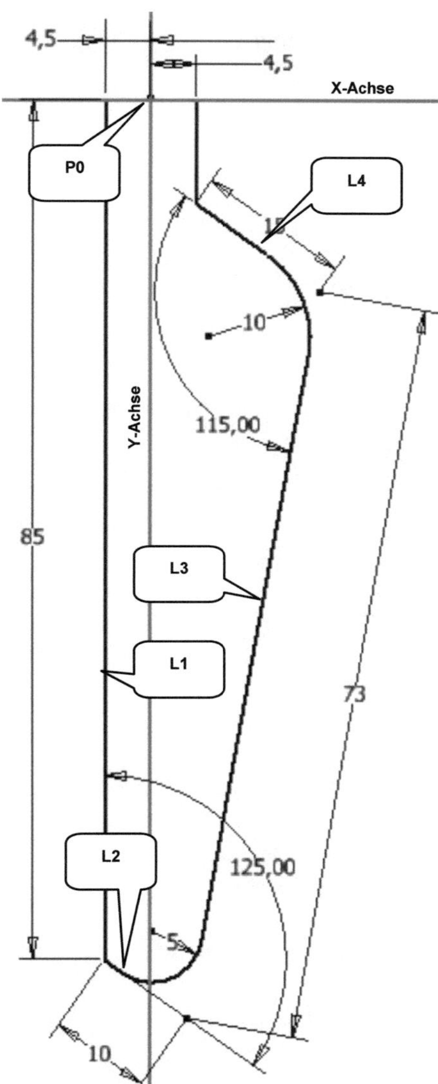

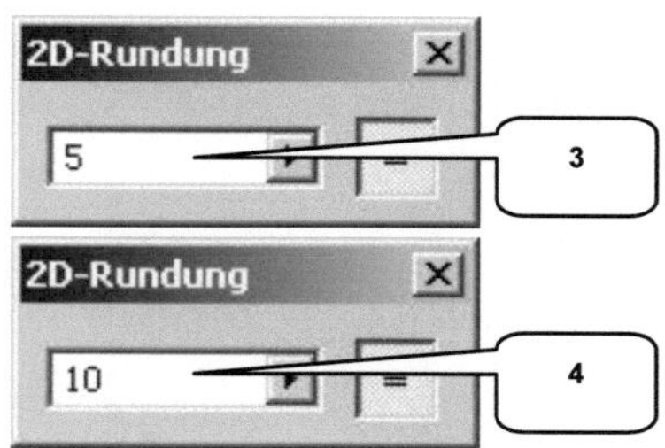

> ➤ *Rundung*
> ➤ Radius: [5 mm] (3)
> ➤ Linie (L2) wählen
> ➤ Linie (L3) wählen
> ➤ *Taste: ESC*

> ➤ *Rundung*
> ➤ Radius: [10 mm] (4)
> ➤ Linie (L3) wählen
> ➤ Linie (L4) wählen
> ➤ *Taste: ESC*

Die gesamte Kontur ist im nächsten Schritt um den Koordinatenursprung (P0) zu drehen, wobei die erste Skizzengeometrie erhalten bleiben soll. Es wird also eine gedrehte Kopie erzeugt. Hierfür ist der Befehl **Drehen** (5) zu starten.

Die Abfrage **Sollen Bemaßungen bei Bedarf gelockert werden?** *kann mit* **Ja** *beantwortet werden.* **!**

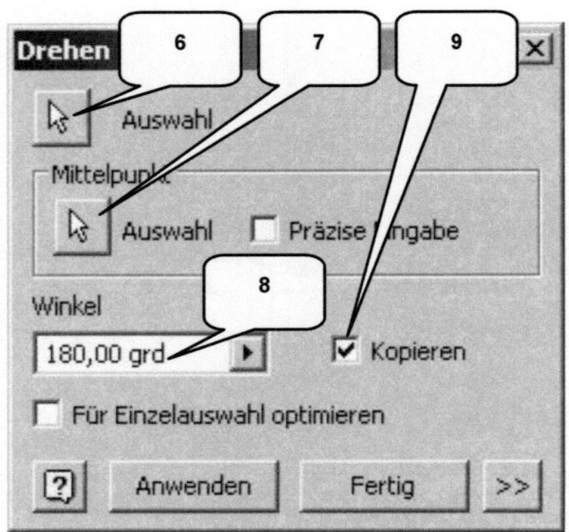

- ➤ *Drehen* (5)
- ➤ Auswahl: Bei gedrückter linker Maustaste ein Fenster über die gezeichneten Linien (L1...L5) ziehen (6)
- ➤ Mittelpunkt: Koordinatenursprung (P0) wählen (7)
- ➤ Winkel: [180°] (8)
- ➤ Aktivieren: Kopieren (9)
- ➤ *ANWENDEN*
- ➤ *FERTIG*

*Das Fenster, das bei der Auswahl der Linien aufgezogen werden soll, muss von links oben nach rechts unten aufgezogen werden. Die projizierte X-Achse darf dabei nicht komplett im Fenster liegen, da ansonsten Probleme auftreten können. Die beiden Fragen, ob ...**vorhandene Bemaßungen gelockert**... und ...**Abhängigkeiten entfernt werden können**... können mit **Ja** beantwortet werden!*

Beide Konturhälften müssen jetzt miteinander verbunden werden und eventuell noch fehlende Abhängigkeiten ergänzt. Mit der rechten Maustaste ist auf die Linie (L1) zu klicken und die Option *Kontur schließen* (10) zu wählen.

- ➤ *Rechte Maustaste auf Linie* (L1)
- ➤ Option: Kontur schließen (10)
- ➤ Fenster *Kontur schließen* mit *OK* bestätigen
- ➤ Nacheinander alle restlichen Linien der Skizze (nicht die Achsen!) wählen, bis Meldung (11) erscheint
- ➤ *OK*

- ➤ *Skizze fertig stellen*

8.5 Extrudieren einer Schnittmenge

Beide Flächen der neuen Skizze sollen im folgenden Schritt mit dem Befehl *Extrusion* zusammen mit dem bereits vorhandenen Volumenkörper eine gemeinsame *Schnittmenge* ergeben.

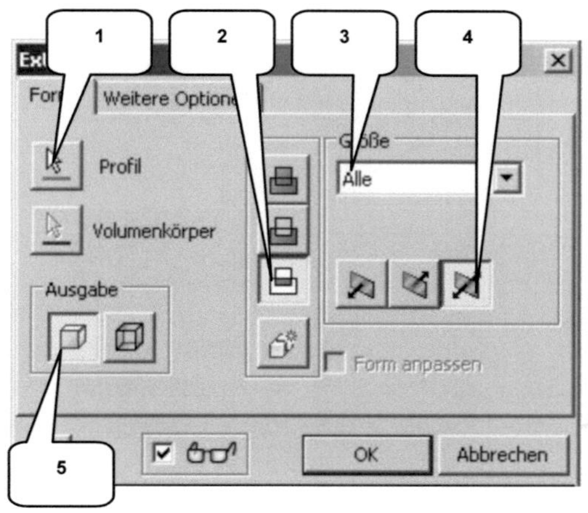
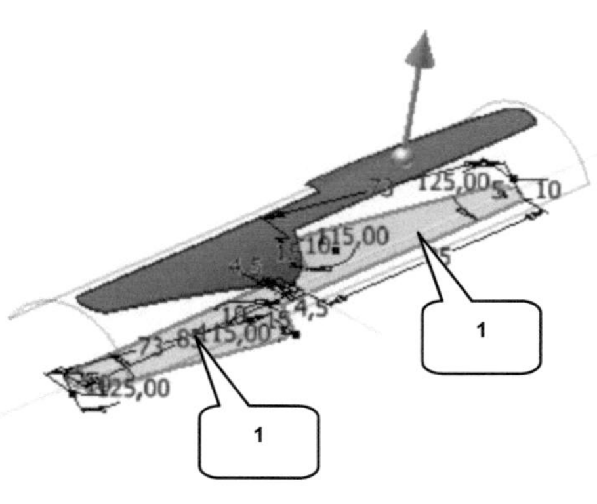

- ➤ **Extrusion**
- ➤ Profil: Beide Konturhälften wählen (1)
- ➤ Verfahren: Schnittmenge (2)
- ➤ Größe: Alle (3)

- ➤ Richtung: Symmetrisch (4)
- ➤ Ausgabe: Volumenkörper (5)
- ➤ **OK**

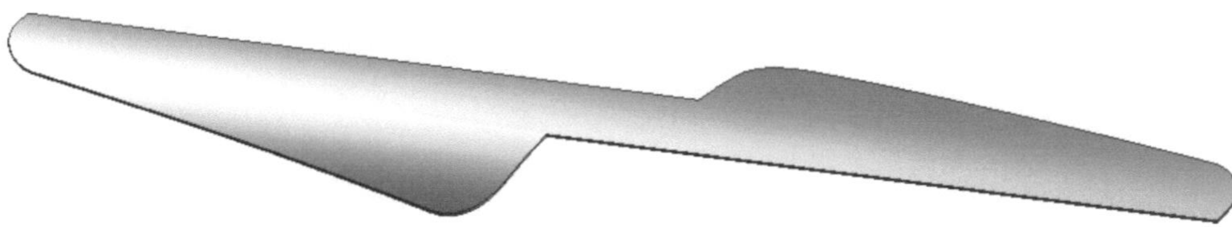

8.6 Erstellen einer weiteren Skizze

Die letzte Skizze dieses Bauteils wird auf der XZ-Ebene erzeugt.

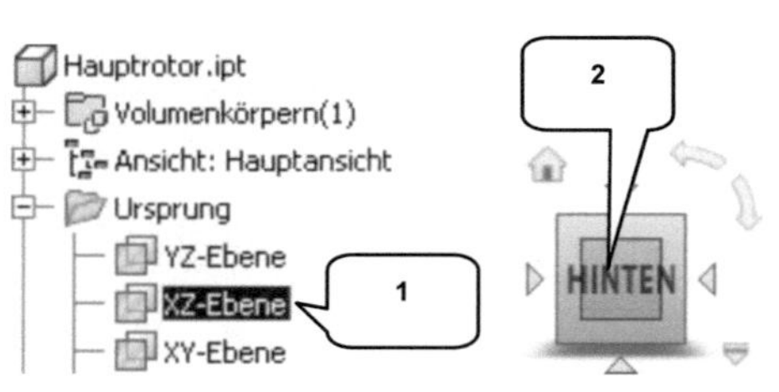

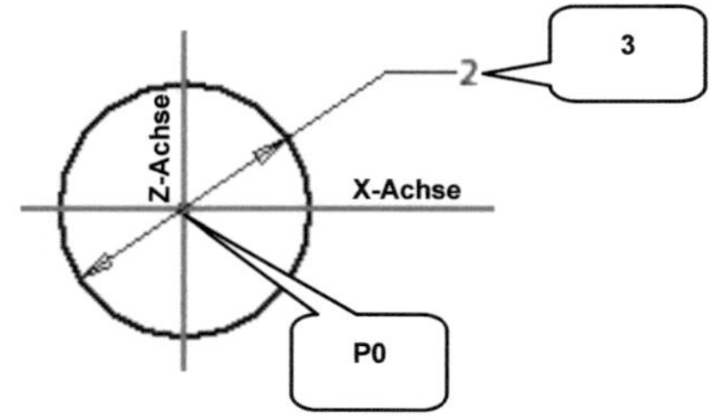

> ➤ *2D-Skizze starten*
> ➤ XZ-Ebene im Modellbaum wählen (1)
>
> ➤ *ViewCube-Ansicht: HINTEN* (2)
>
> ➤ *Geometrie projizieren*
> ➤ 3-Hauptachsen wählen
> ➤ *Taste: ESC*
>
> ➤ *Taste: F7* (Skizze aufschneiden)

> ➤ *Kreis durch Mittelpunkt*
> ➤ Punkt 1: Koordinatenursprung (P0)
> ➤ Punkt 2: Frei ablegen
> ➤ *Taste: ESC*
>
> ➤ *Bemaßung*
> ➤ Kreisdurchmesser: [2 mm] (3)
> ➤ *Taste: ESC*
>
> ➤ *Skizze fertig stellen*

8.7 Extrudieren des Kreises in Richtung des Volumenkörpers

Der Kreis soll jetzt in Richtung des vorhandenen Volumenkörpers *extrudiert* werden. Da dieser eine konkave Form aufweist, muss die Option *Zur Nächsten* verwendet werden. Nur dann ist gewährleistet, dass das extrudierte Element sauber an der runden Oberfläche anschließt.

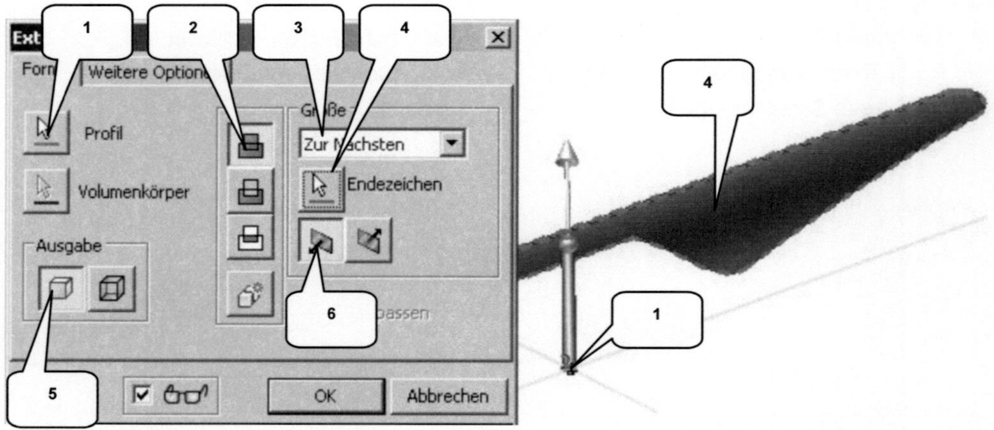

> ➤ *Extrusion*
> ➤ Profil: Kreis wählen (1)
> ➤ Verfahren: Vereinigung (2)
> ➤ Größe: Zur Nächsten (3)

> ➤ Endezeichen: Volumenkörper (4)
> ➤ Ausgabe: Volumenkörper (5)
> ➤ Richtung: Richtung 1 (6)
> ➤ *OK*

Das Bauteil kann jetzt unter dem Dateinamen *Hauptrotor* (Dateityp: *.ipt) *gespeichert* und anschließend *geschlossen* werden.

9 Bauteil: Heckrotor

9.1 Erstellen der neuen Datei und Zeichnen der ersten Konturen

Im nächsten Schritt soll der **Heckrotor** konstruiert werden. Hierfür ist ein neues Bauteil zu erzeugen.

In der sich öffnenden Skizze sind die 3 Hauptachsen zu **projizieren** und eine **Ellipse** (4) zu zeichnen und zu bemaßen.

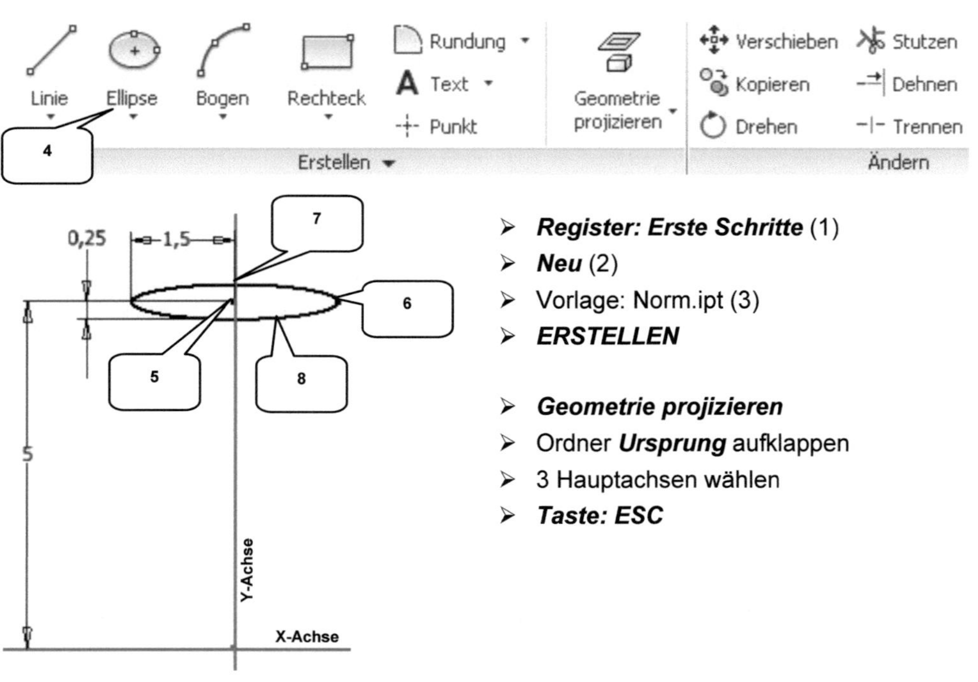

- ➢ **Register: Erste Schritte** (1)
- ➢ **Neu** (2)
- ➢ Vorlage: Norm.ipt (3)
- ➢ **ERSTELLEN**

- ➢ **Geometrie projizieren**
- ➢ Ordner **Ursprung** aufklappen
- ➢ 3 Hauptachsen wählen
- ➢ **Taste: ESC**

➢ *Ellipse* (4)

➢ Punkt 1: Auf Y-Achse ablegen (5)

➢ Punkt 2: Auf Pos. (6) ablegen

➢ Punkt 3: Auf Pos. (7) ablegen

➢ *Taste: ESC*

➢ *Bemaßung*

➢ Ellipsen-Mittelpunkt (5) wählen

➢ Projizierte X-Achse wählen

➢ Abstand: [5 mm]

➢ *Taste: ENTER*

➢ Ellipsen-Kontur wählen (8)

➢ Maß oberhalb der Kontur ablegen

➢ Breite: [1,5 mm]

➢ *Taste: ENTER*

➢ Ellipsen-Kontur wählen (8)

➢ Maß links neben der Kontur ablegen

➢ Höhe: [0,25 mm]

➢ *Taste: ENTER*

➢ *Taste: ESC*

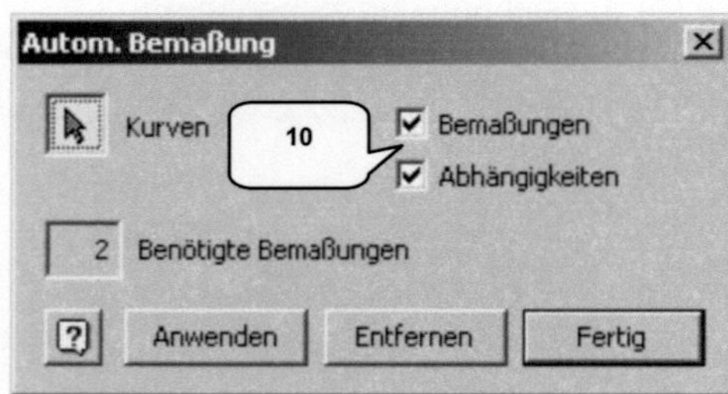

➢ *Automatische Bemaßung* (9)

➢ Aktivieren: Bemaßungen (10)

➢ Aktivieren: Abhängigkeiten (10)

➢ *ANWENDEN* (falls erforderlich)

➢ *FERTIG*

➢ *Skizze fertig stellen*

9.2 Erzeugen neuer Arbeitsebenen und weiterer Skizzen

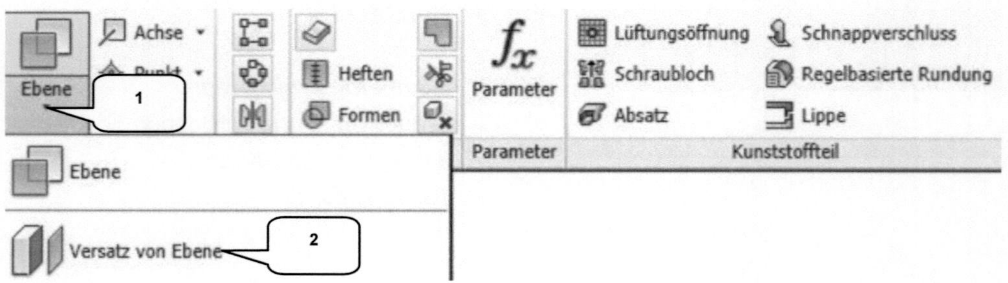

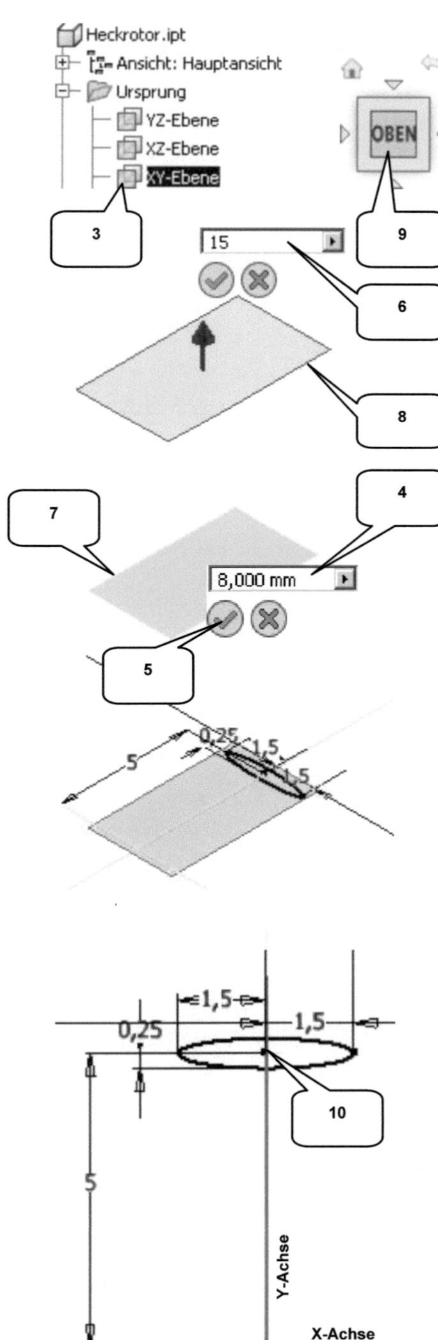

Um die Basiskontur des Heckrotors erstellen zu können, müssen zuvor 2 weitere Ebenen erstellt werden, welche parallel zur XY-Ebene und in bestimmten Abständen zu dieser angeordnet werden. Hierfür ist der Befehl *Versatz von Ebene* (2) zu verwenden. Vorab sollte das neue Bauteil allerdings gesichert werden.

- ➢ *Speichern*
- ➢ Dateiname: *Heckrotor*
- ➢ Dateityp: (*.ipt)
- ➢ *Speichern*

- ➢ Befehlsgruppe *Ebene* aufklappen (1)

- ➢ *Versatz von Ebene* (2)
- ➢ XY-Ebene (Ordner *Ursprung*) wählen (3)
- ➢ Abstand: [8 mm] (4)
- ➢ *OK* (5)

- ➢ *Versatz von Ebene* (2)
- ➢ XY-Ebene (Ordner *Ursprung*) wählen (3)
- ➢ Abstand: [15 mm] (6)
- ➢ *OK*

- ➢ *2D-Skizze starten*
- ➢ Ebene mit Abstand 8 mm wählen (7) (Ebene an der Kante greifen!)

- ➢ *ViewCube-Ansicht: OBEN* (9)

- ➢ *Geometrie projizieren*
- ➢ Ellipsenmittelpunkt aus erster Skizze wählen (10)
- ➢ *Taste: ESC*

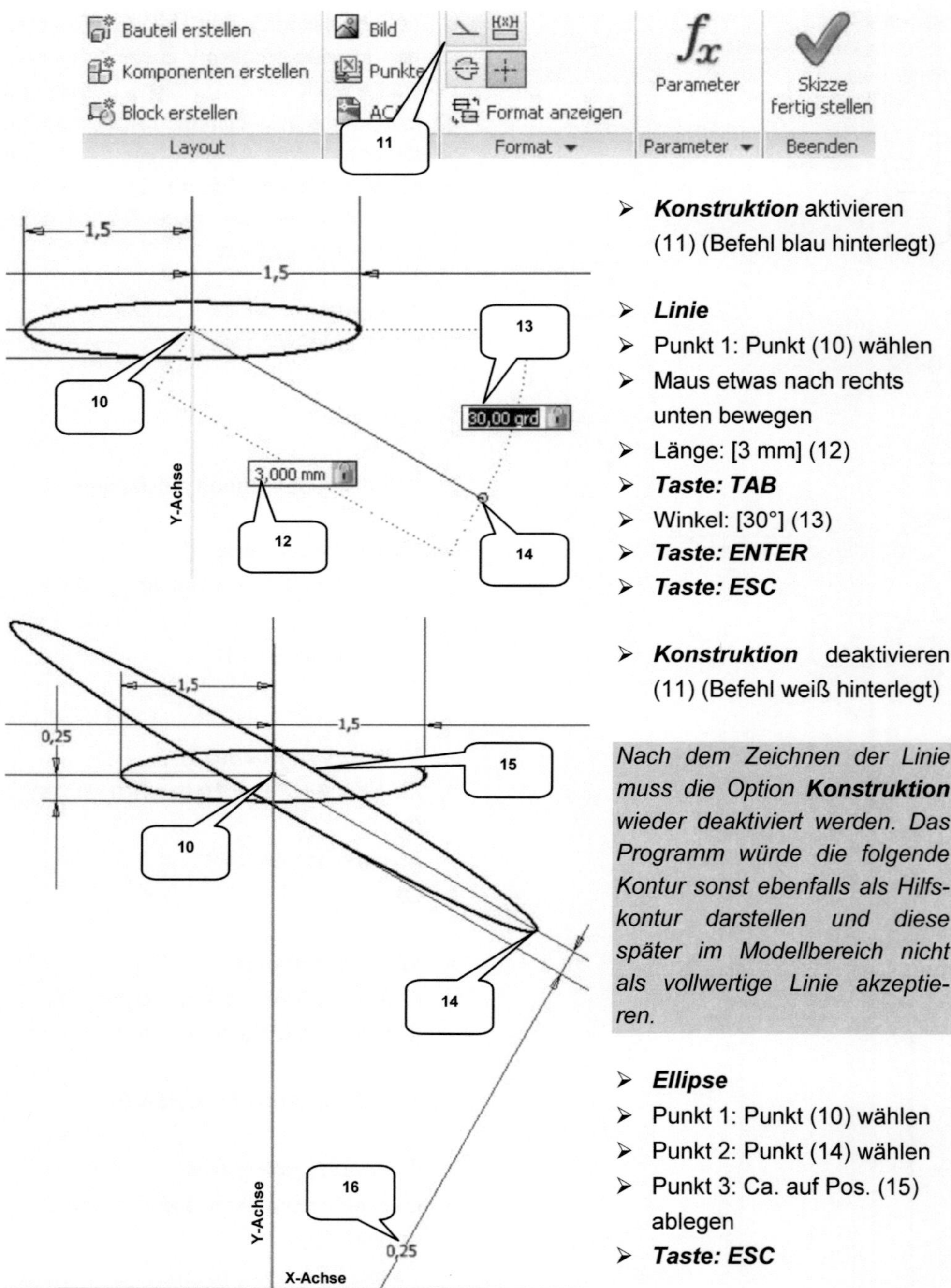

> **Konstruktion** aktivieren (11) (Befehl blau hinterlegt)

> **Linie**
> Punkt 1: Punkt (10) wählen
> Maus etwas nach rechts unten bewegen
> Länge: [3 mm] (12)
> **Taste: TAB**
> Winkel: [30°] (13)
> **Taste: ENTER**
> **Taste: ESC**

> **Konstruktion** deaktivieren (11) (Befehl weiß hinterlegt)

*Nach dem Zeichnen der Linie muss die Option **Konstruktion** wieder deaktiviert werden. Das Programm würde die folgende Kontur sonst ebenfalls als Hilfskontur darstellen und diese später im Modellbereich nicht als vollwertige Linie akzeptieren.*

> **Ellipse**
> Punkt 1: Punkt (10) wählen
> Punkt 2: Punkt (14) wählen
> Punkt 3: Ca. auf Pos. (15) ablegen
> **Taste: ESC**

<table>
<tr><td>

- ➢ *Bemaßung*
- ➢ Ellipse wählen
- ➢ Maß in etwa auf Pos. (16) ablegen
- ➢ Höhe: [0,25 mm]

</td><td>

- ➢ *Taste: ENTER*
- ➢ *Taste: ESC*

- ➢ *Skizze fertig stellen*

</td></tr>
</table>

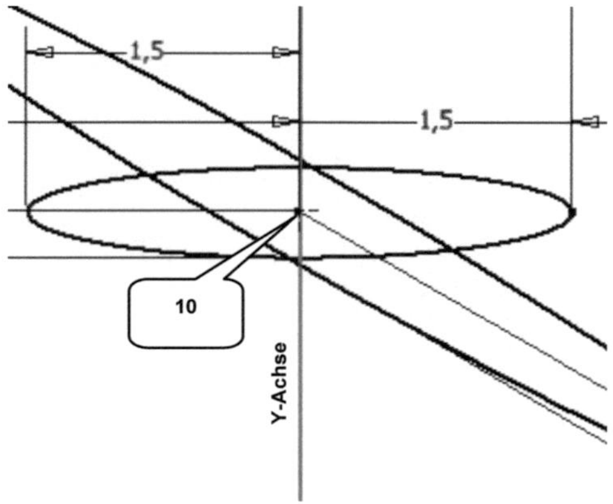

- ➢ *2D-Skizze starten*
- ➢ Ebene mit Abstand 15 mm (8) wählen (Ebene an der Kante greifen!)

- ➢ *ViewCube-Ansicht: OBEN* (9)

- ➢ *Geometrie projizieren*
- ➢ Ellipsenmittelpunkt (10) wählen
- ➢ *Taste: ESC*

- ➢ *Punkt* (17)
- ➢ Ellipsenmittelpunkt (10) wählen
- ➢ *Taste: ESC*

- ➢ *Skizze fertig stellen*

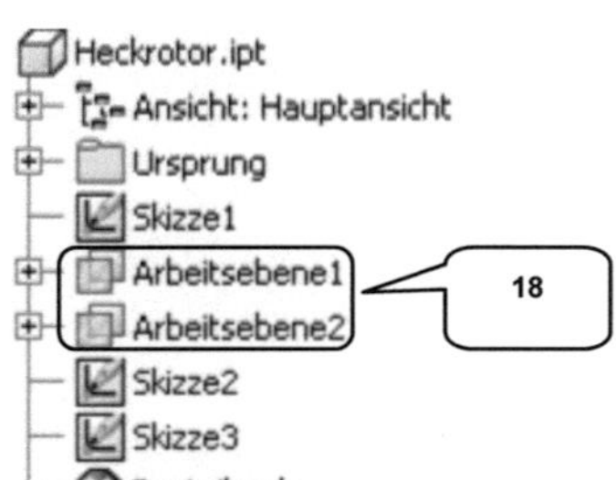

Vor dem Erzeugen des Volumenkörpers sollten die beiden neu erzeugten Arbeitsebenen (18) ausgeblendet werden. Hierfür ist mit der rechten Maustaste auf die jeweilige Arbeitsebene zu klicken und diese durch Deaktivieren der Option *Sichtbarkeit* auszublenden.

- ➢ Beide Arbeitsebenen markieren (18)
- ➢ Rechte Maustaste
- ➢ Deaktivieren: Sichtbarkeit

9.3 Ersten Flügel mittels Erhebung erzeugen

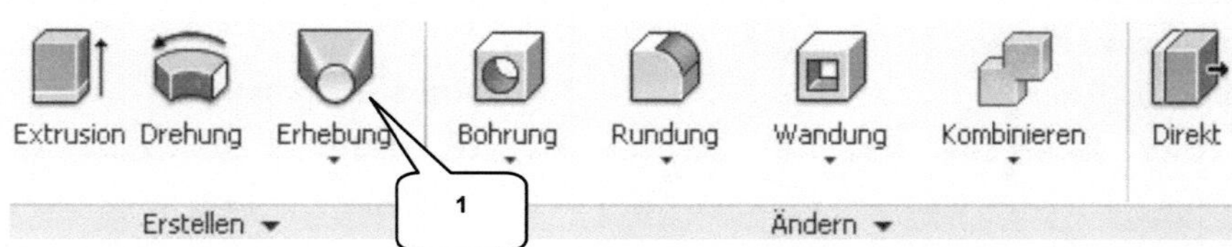

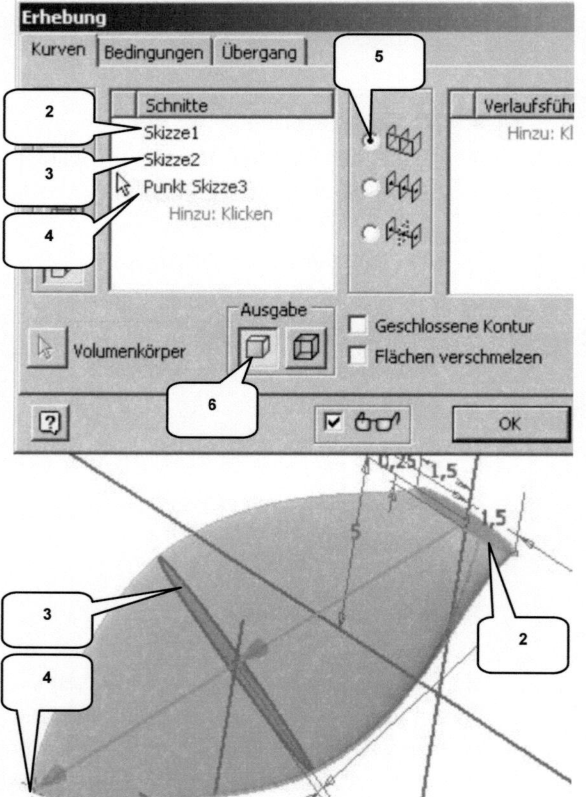

Die Konturen der drei zuletzt erzeugten Skizzen sollen jetzt miteinander verschmolzen und so in einen Volumenkörper konvertiert werden. Das Verbinden mehrerer unterschiedlicher Konturen zu einem Volumenkörper kann mit dem Befehl **Erhebung** (1) umgesetzt werden.

- ➢ **Erhebung** (1)
- ➢ Ellipse aus Skizze 1 wählen (2)
- ➢ Ellipse aus Skizze 2 wählen (3)
- ➢ Punkt aus Skizze 3 wählen (4)
- ➢ Option: Verlaufsführung (5)
- ➢ Ausgabe: Volumenkörper (6)

- ➢ **Register: Bedingungen** (7)
- ➢ Bedingung 1: Freie Beding. (8)
- ➢ Bedingung 2: Tangente (9)
- ➢ Gewicht 2: [3] (10)
- ➢ **OK**

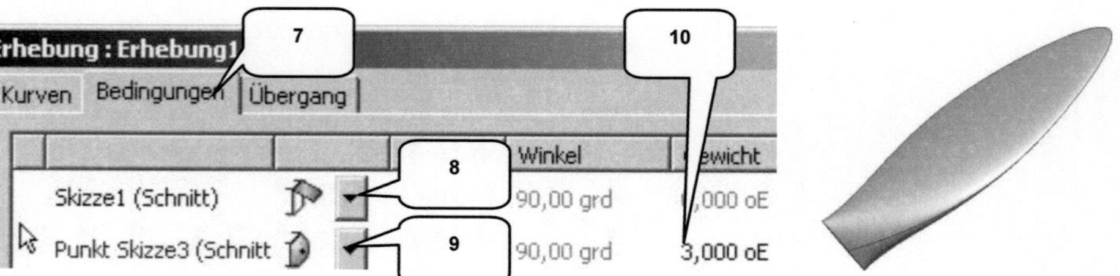

9.4 Zweiten Flügel mittels runder Anordnung erzeugen

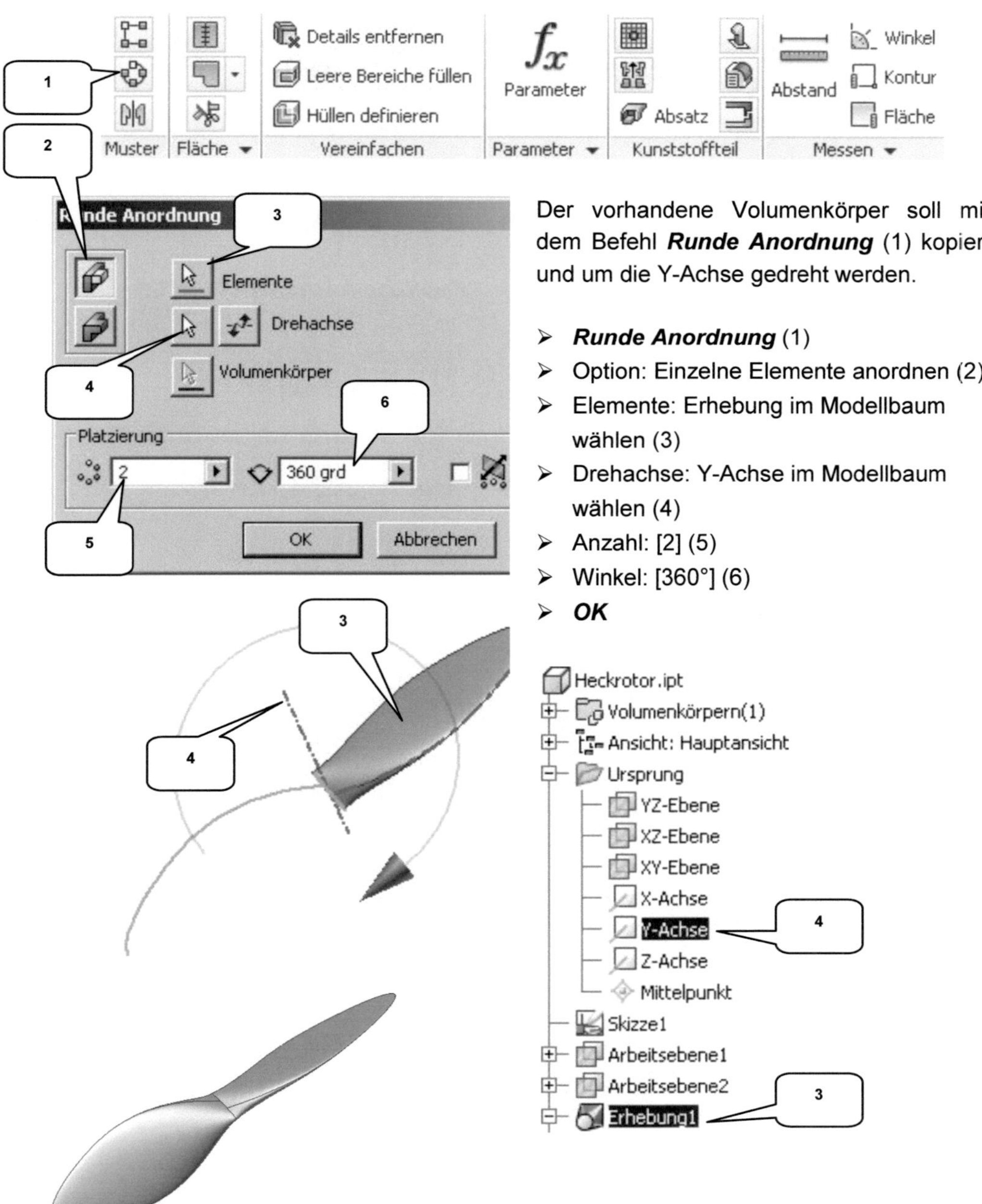

Der vorhandene Volumenkörper soll mit dem Befehl **Runde Anordnung** (1) kopiert und um die Y-Achse gedreht werden.

> **Runde Anordnung** (1)
> Option: Einzelne Elemente anordnen (2)
> Elemente: Erhebung im Modellbaum wählen (3)
> Drehachse: Y-Achse im Modellbaum wählen (4)
> Anzahl: [2] (5)
> Winkel: [360°] (6)
> **OK**

9.5   Extrudieren der Welle

Im letzten Arbeitsschritt für dieses Bauteil ist die Antriebswelle des Heckrotors zu konstruieren. Hierfür muss eine neue 2D-Skizze auf der XZ-Ebene erzeugt, ein Kreis gezeichnet und
anschließend extrudiert werden. Dabei ist darauf zu achten, bündig an den vorhandenen
Volumenkörper anzuschließen (Option: Zur Nächsten).

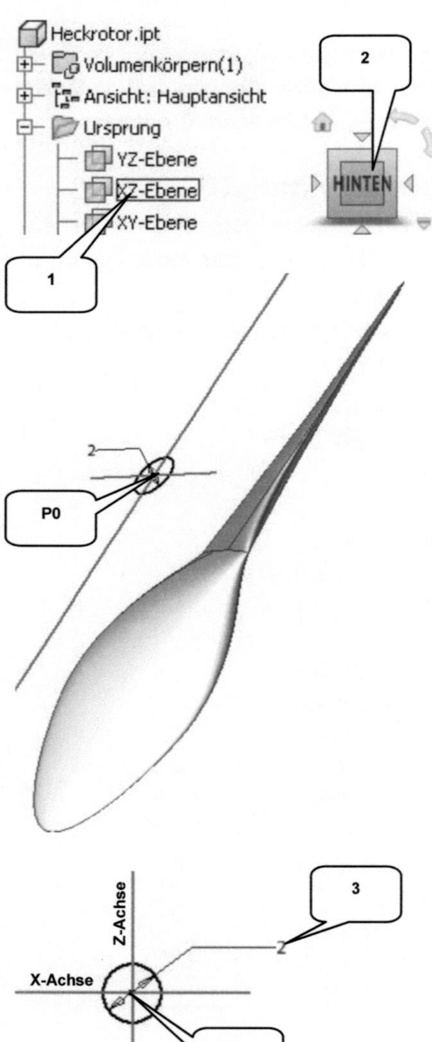

> ➤ **2D-Skizze starten**
> ➤ XZ-Ebene im Modellbaum wählen (1)
>
> ➤ **ViewCube-Ansicht: HINTEN** (2)
>
> ➤ **Geometrie projizieren**
> ➤ 3 Hauptachsen wählen
> ➤ **Taste: ESC**
>
> ➤ **Taste: F7** (Skizze aufschneiden)
>
> ➤ **Kreis durch Mittelpunkt**
> ➤ Kreismittelpunkt: Koordinatenursprungs-
>   punkt (P0)
> ➤ 2. Punkt des Kreises frei ablegen
> ➤ **Taste: ESC**
>
> ➤ **Bemaßung**
> ➤ Kreisdurchmesser: [2 mm] (3)
> ➤ **Taste: ESC**
>
> ➤ **Skizze fertig stellen**

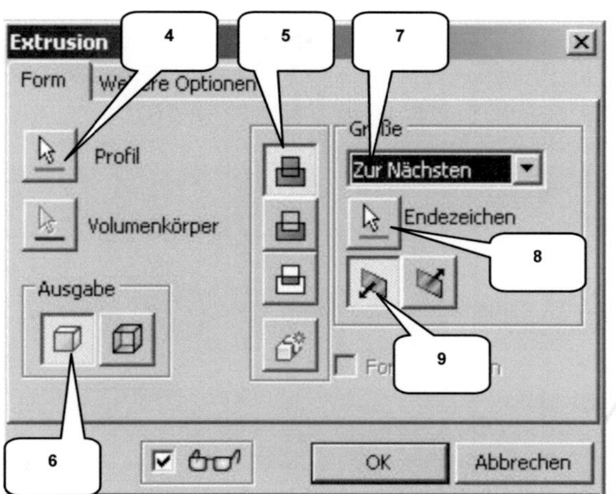

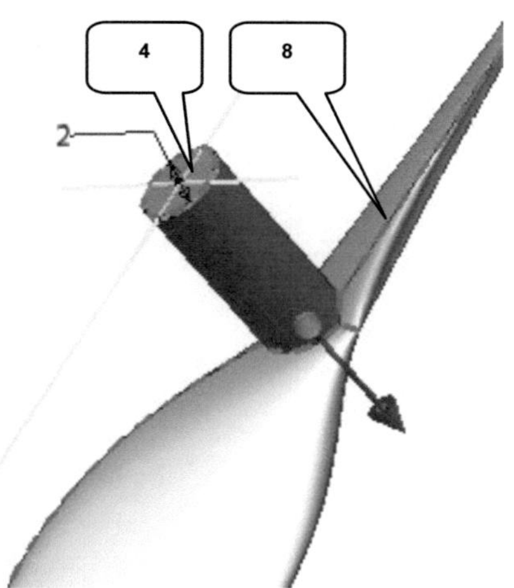

> ***Extrusion***
> Profil: Kreis (4)
> Verfahren: Vereinigung (5)
> Ausgabe: Volumenkörper (6)
> Größe: Zur Nächsten (7)
> Endezeichen: (automatisch) (8)
> Richtung: Richtung 1 (9)
> ***OK***

> ***Speichern***
> ***Datei schließen***

10 Bauteil: Turbinengehäuse

10.1 Erstellen der neuen Datei und Zeichnen der ersten Kontur

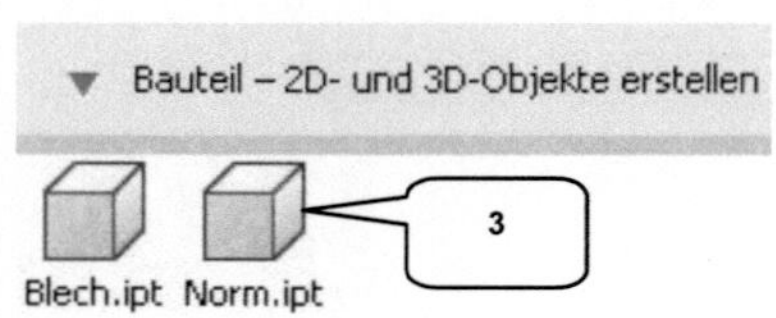

Im nächsten Schritt soll das *Turbinengehäuse* konstruiert werden. Hierfür ist ein neues Bauteil zu erzeugen.

In der sich öffnenden Skizze sind die 3 Hauptachsen zu *projizieren* und eine Linienkontur aus 3 zusammenhängenden *Linien* zu zeichnen und zu bemaßen.

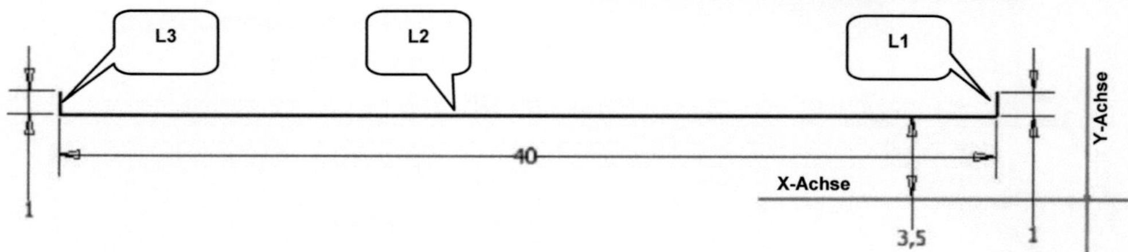

- ➢ *Register: Erste Schritte* (1)
- ➢ *Neu* (2)
- ➢ Vorlage: Norm.ipt (3)
- ➢ *ERSTELLEN*

- ➢ *Geometrie projizieren*
- ➢ Ordner *Ursprung* aufklappen
- ➢ 3 Hauptachsen wählen
- ➢ *Taste: ESC*

- ➢ *Linie*
- ➢ Linienkontur aus 3 Linien (L1...L3) oberhalb der X-Achse zeichnen wie dargestellt
- ➢ *Taste: ESC*

- ➢ *Bemaßung*
- ➢ Linien bemaßen wie dargestellt
- ➢ *Taste: ESC*

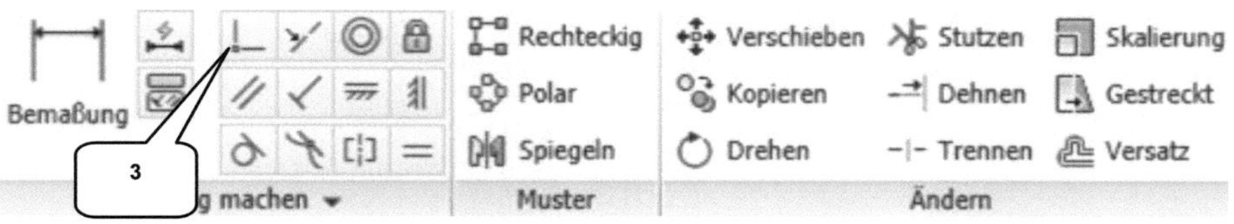

- > **Abhängigkeit Koinzident** (3)
- > Mittelpunkt (P1) der Linie (L2) wählen
- > Projizierte Y-Achse wählen
- > **Taste: ESC**

- > **Bogen aus 3 Punkten**
- > Punkt (P2) wählen

- > Punkt (P3) wählen
- > Maus etwas nach oben ziehen
- > Radius: [220 mm] eingeben (4)
- > **Taste: ENTER**
- > **Taste: ESC**

- > **Skizze fertig stellen**

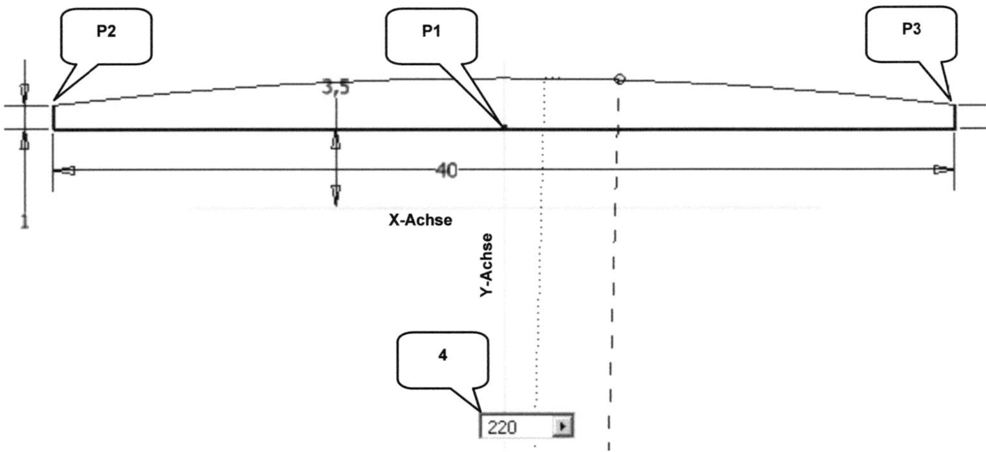

10.2 Volumenkörper durch Drehung erzeugen

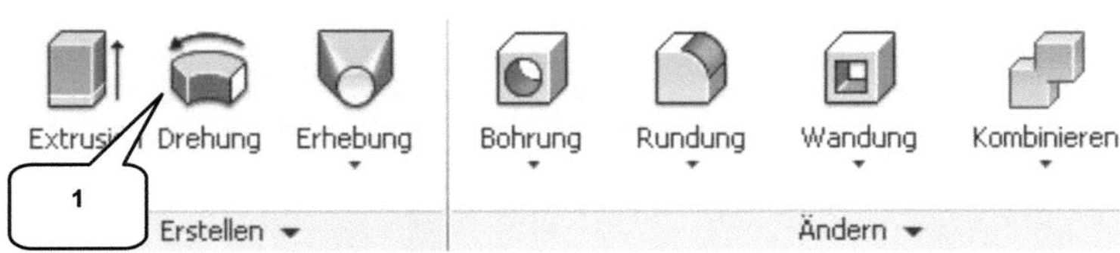

Die geschlossene Kontur aus der vorherigen Skizze soll jetzt um 360° um die X-Achse gedreht und somit in einen Volumenkörper konvertiert werden. Hier ist der Befehl **Drehung** (1) zu verwenden.

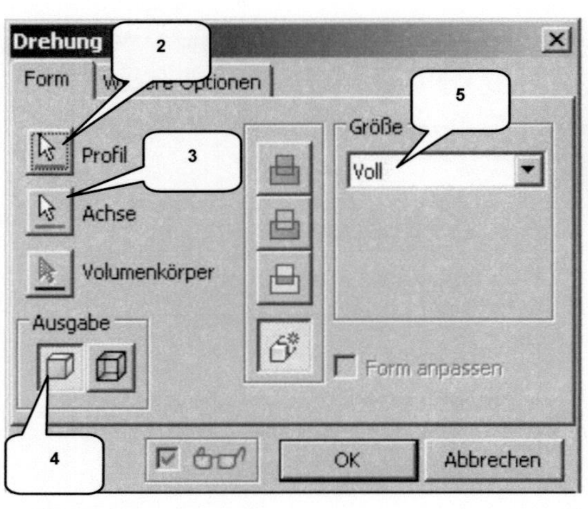

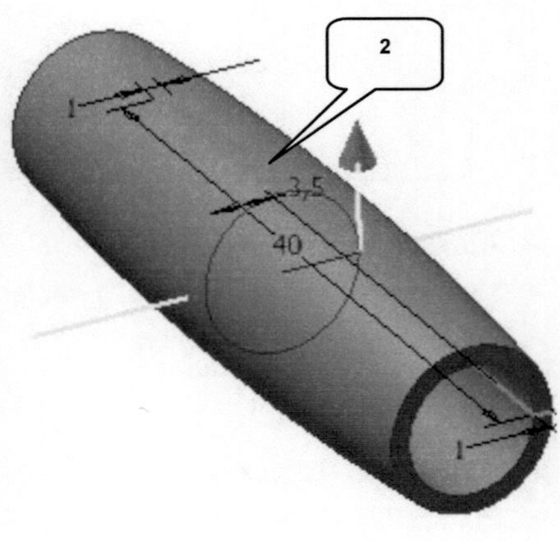

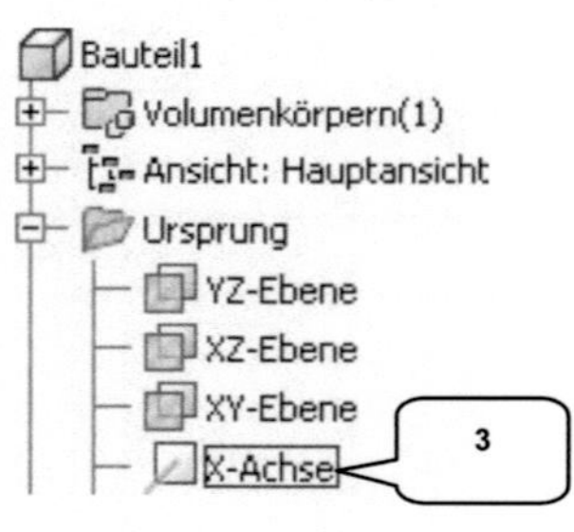

- ➤ **Drehung** (1)
- ➤ Profil: Kontur aus vorheriger Skizze (2)
- ➤ Achse: X-Achse (3)
- ➤ Ausgabe: Volumenkörper (4)
- ➤ Größe: Voll (5)
- ➤ **OK**

10.3 Erzeugen einer neuen Arbeitsebene

Der folgende Volumenkörper benötigt eine neue **Arbeitsebene**, welche parallel zur XY-Ebene liegt und in einem Abstand von 8,5 mm zu dieser angeordnet ist.

- ➤ **Versatz von Ebene**
- ➤ XY-Ebene (Ordner **Ursprung**) wählen
- ➤ Abstand: [8,5 mm]
- ➤ **OK**

10.4 Skizze zeichnen und Kontur extrudieren

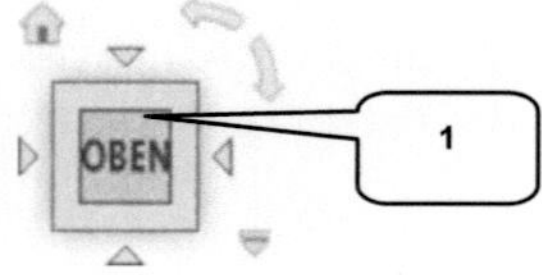

- ➤ **2D-Skizze starten**
- ➤ Neu erzeugte Ebene wählen (Ebene an einer Kante anwählen)

- ➤ **ViewCube-Ansicht: OBEN** (1)

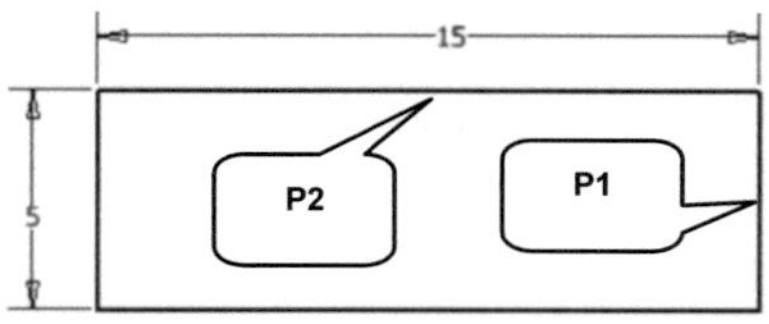

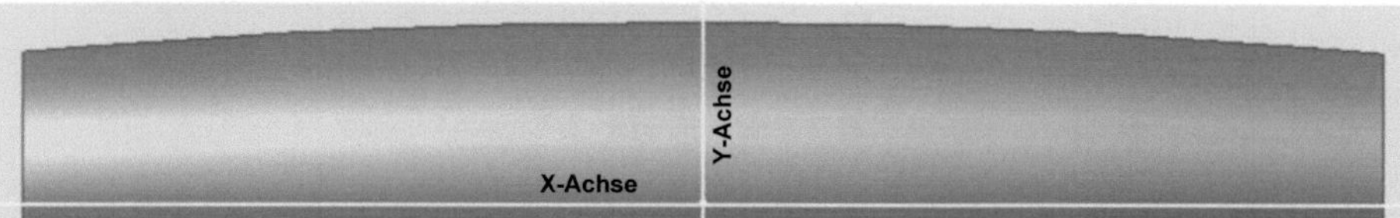

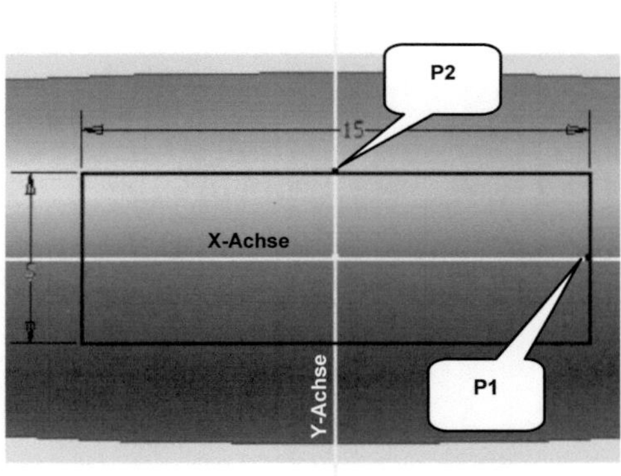

> ***Geometrie projizieren***
> 3 Hauptachsen wählen
> ***Taste: ESC***

> ***Rechteck durch zwei Punkte***
> Rechteck (15 x 5 mm) zeichnen und bemaßen wie dargestellt
> ***Taste: ESC***

> ***Abhängigkeit Koinzident***
> Linienmittelpunkt (P1) wählen
> Projizierte X-Achse wählen
> Linienmittelpunkt (P2) wählen
> Projizierte Y-Achse wählen
> ***Taste: ESC***

> ***Skizze fertig stellen***

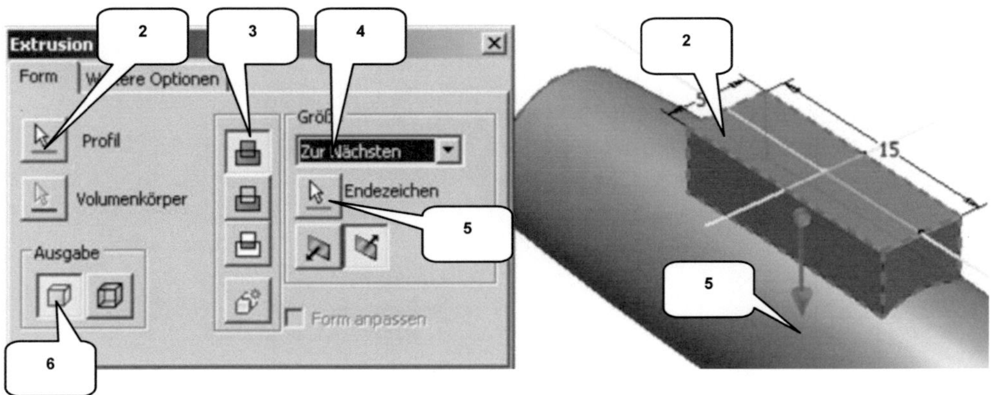

> ***Extrusion***
> ➢ Profil: Rechteck (2)
> ➢ Verfahren: Vereinigung (3)
> ➢ Größe: Zur Nächsten (4)

> ➢ Endezeichen: Volumenkörper (5)
> ➢ Ausgabe: Volumenkörper (6)
> ➢ ***OK***

Die neue Arbeitsebene kann jetzt wieder ausgeblendet werden (Option ***Sichtbarkeit*** der rechten Maustaste).

10.5 Runden der Außenkanten

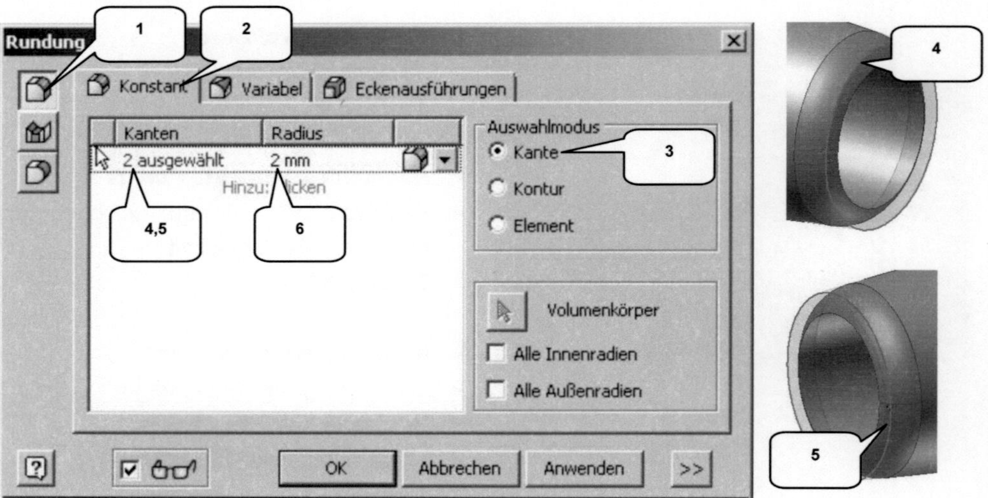

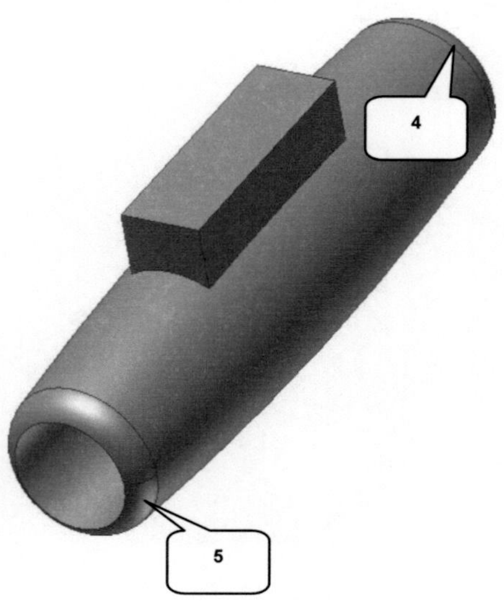

> ***Rundung***
> ➢ Option: Kantenabrundung (1)
> ➢ Reiter: Konstant (2)
> ➢ Auswahlmodus: Kante (3)
> ➢ Kanten: Zylinderkanten wählen (4, 5)
> ➢ Radius: [2 mm] (6)
> ➢ ***OK***

> ➢ ***Speichern***
> ➢ Dateiname: ***Turbinengehäuse***
> ➢ Dateityp: (*.ipt)
> ➢ ***Speichern***

> ➢ ***Datei schließen***

11 Bauteil: Turbineneinheit

11.1 Erstellen der neuen Datei und Zeichnen der ersten Kontur

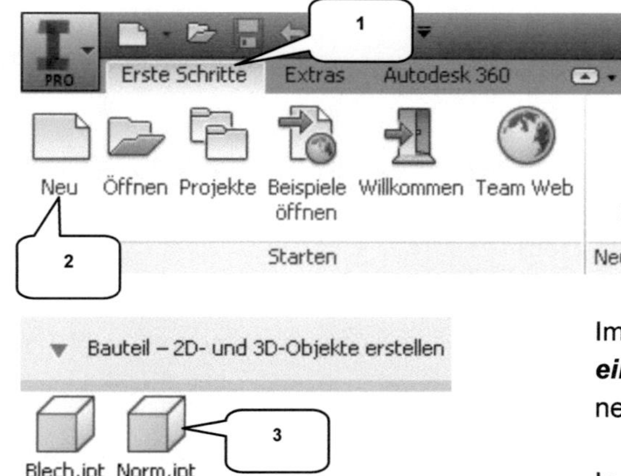

Im nächsten Schritt soll die **Turbinen-einheit** konstruiert werden. Hierfür ist ein neues Bauteil zu erzeugen.

In der sich öffnenden Skizze sind die 3 Hauptachsen zu **projizieren** und eine Linienkontur aus 6 zusammenhängenden **Linien** zu zeichnen und zu bemaßen.

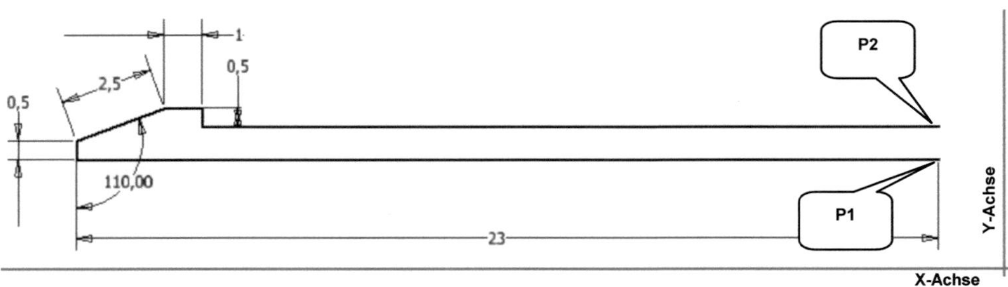

> **Register: Erste Schritte** (1)
> **Neu** (2)
> Vorlage: Norm.ipt (3)
> **ERSTELLEN**

> **Geometrie projizieren**
> Ordner **Ursprung** aufklappen
> 3 Hauptachsen wählen
> **Taste: ESC**

> **Linie**
> Linienkontur oberhalb der X-Achse und links neben der Y-Achse zeichnen wie dargestellt
> **Taste: ESC**

> **Bemaßung**
> Linien bemaßen wie dargestellt
> **Taste: ESC**

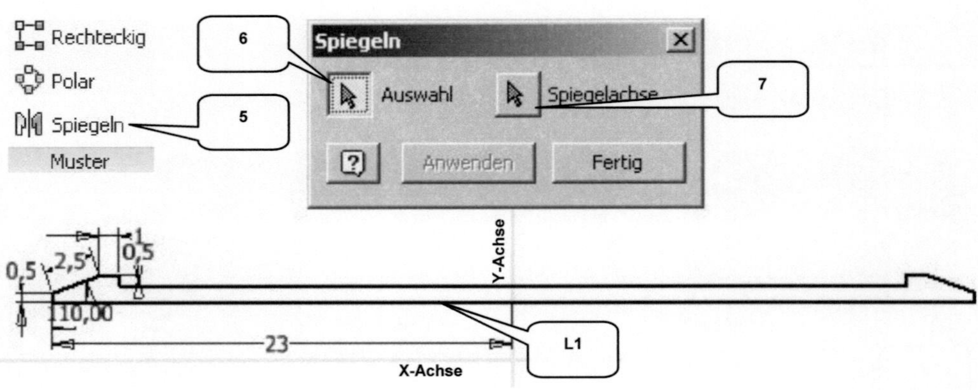

> *Abhängigkeit Koinzident* (4)
> Punkt (P1) wählen
> Projizierte Y-Achse wählen
> Punkt (P2) wählen
> Projizierte Y-Achse wählen
> *Taste: ESC*
> *Spiegeln* (5)

> Auswahl: Bei gedrückter linker Maus-
taste ein Fenster über die 6 Linien
aufziehen (6)
> Spiegelachse: Y-Achse wählen (7)
> *ANWENDEN*
> *FERTIG*

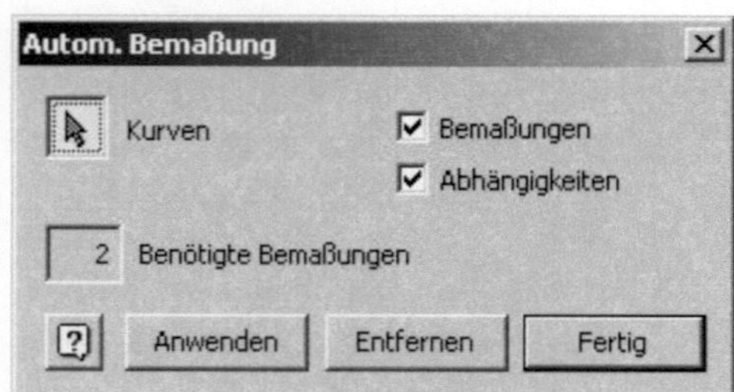

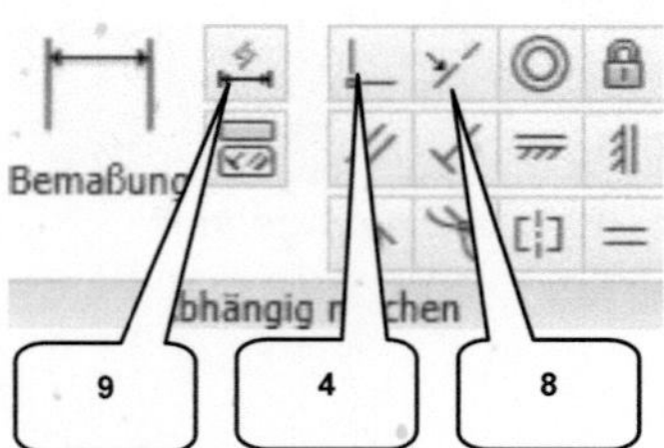

> *Rechte Maustaste* auf Linie (L1)
> Option: Kontur schließen
> Nacheinander alle Linien links und
rechts neben der projizierten Y-Achse
wählen, bis die Kontur geschlossen
wurde
> *OK*

> *Abhängigkeit Kollinear* (8)
> Linie (L1) wählen
> Projizierte X-Achse wählen
> *Taste: ESC*

> ***Automatisches Bemaßen*** (9)
> ➢ Aktivieren: Bemaßungen
> ➢ Aktivieren: Abhängigkeiten

> ➢ ***ANWENDEN*** (falls erforderlich)
> ➢ ***FERTIG***
> ➢ ***Skizze fertig stellen***

11.2 Volumenkörper mittels Drehung erzeugen

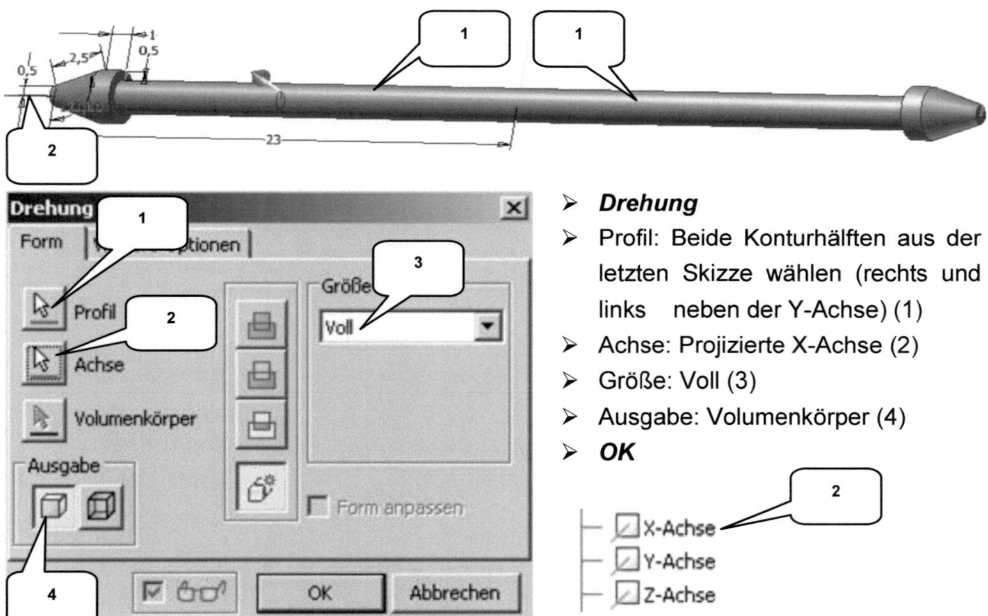

> ➢ ***Drehung***
> ➢ Profil: Beide Konturhälften aus der letzten Skizze wählen (rechts und links neben der Y-Achse) (1)
> ➢ Achse: Projizierte X-Achse (2)
> ➢ Größe: Voll (3)
> ➢ Ausgabe: Volumenkörper (4)
> ➢ ***OK***

11.3 Zeichnen und Extrudieren einer weiteren Skizze

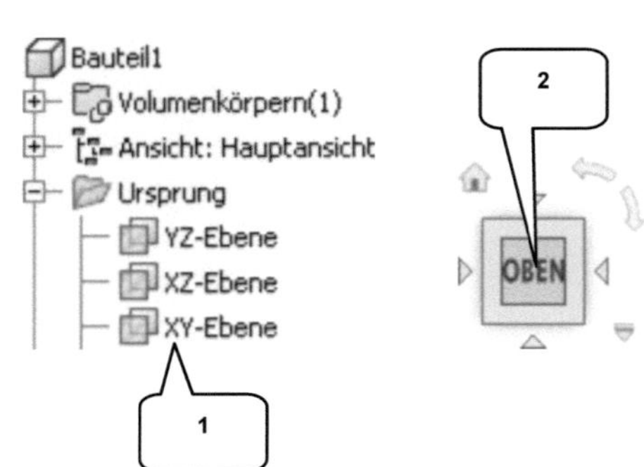

> ➢ ***2D-Skizze starten***
> ➢ XY-Ebene im Modellbaum wählen (1)
>
> ➢ ***ViewCube-Ansicht: OBEN*** (2)

Der nächste Schritt erfordert das Projizieren der Schnittkanten der XY-Ebene mit dem vorhandenen Volumenkörper: ***Schnitt-kanten projizieren*** (3). Dieser Befehl befindet sich hinter dem Befehl Geometrie projizieren.

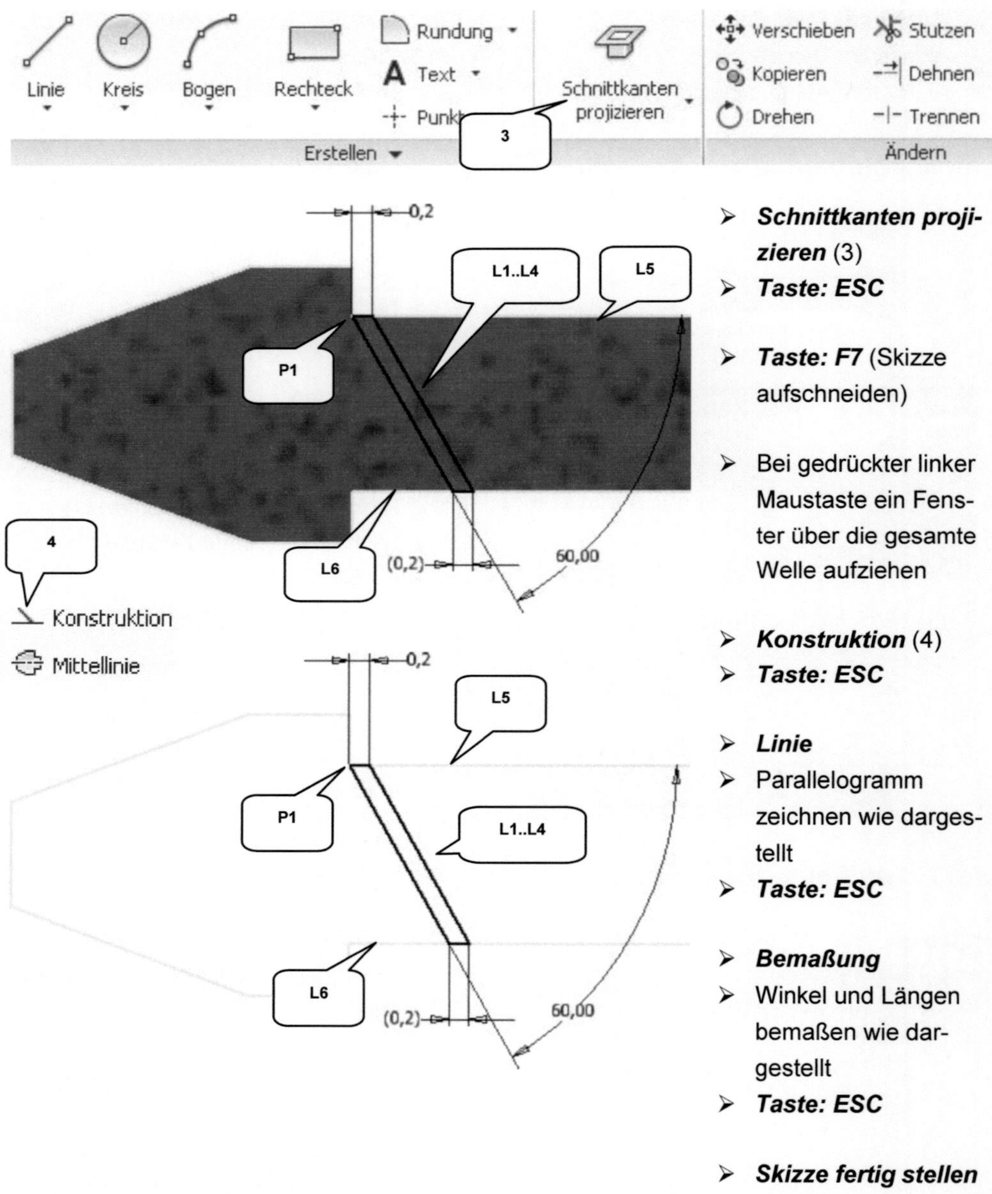

> **Schnittkanten projizieren** (3)
> **Taste: ESC**

> **Taste: F7** (Skizze aufschneiden)

> Bei gedrückter linker Maustaste ein Fenster über die gesamte Welle aufziehen

> **Konstruktion** (4)
> **Taste: ESC**

> **Linie**
> Parallelogramm zeichnen wie dargestellt
> **Taste: ESC**

> **Bemaßung**
> Winkel und Längen bemaßen wie dargestellt
> **Taste: ESC**

> **Skizze fertig stellen**

Die beiden kurzen waagerechten Linien (Länge: 0,2 mm) sind kollinear auf die dahinter projizierten Linien der Welle (L5, L6) auszurichten. Der Punkt (P1) stellt die projizierte Ecke der Wellengeometrie dar.

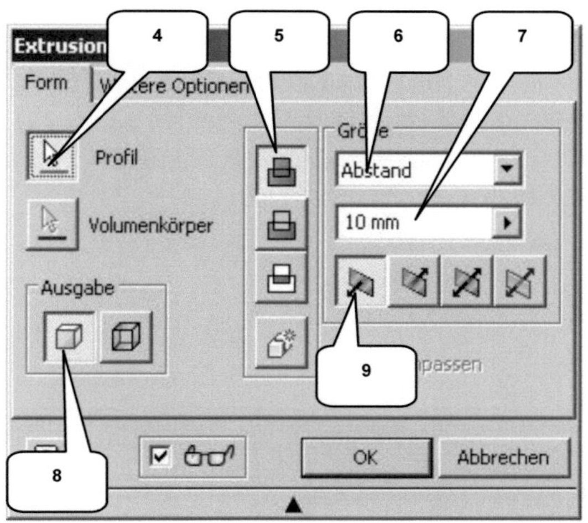

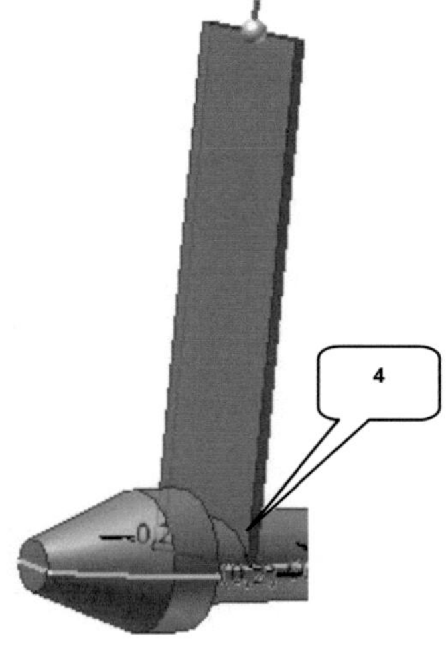

> *Extrusion*
> Profil: Parallelogramm (4)
> Verfahren: Vereinigung (5)
> Größe: Abstand (6)

> Wert: [10 mm] (7)
> Ausgabe: Volumenkörper (8)
> Richtung: Richtung 1 (9)
> *OK*

11.4 Weitere Elemente mittels runder Anordnung erzeugen

Weitere Elemente sind mittels *runder Anordnung* um die X-Achse zu erzeugen.

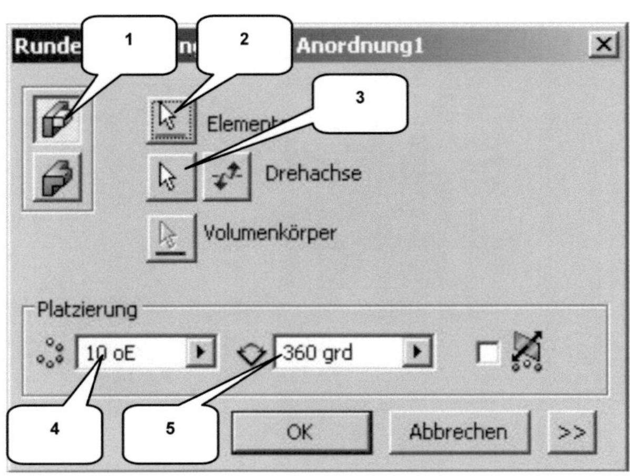

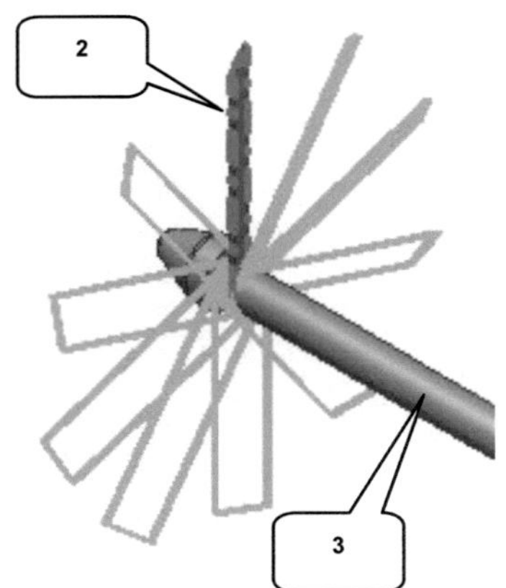

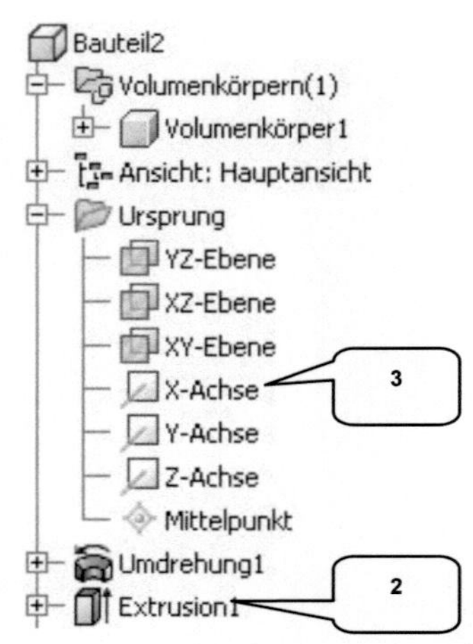

> *   ***Runde Anordnung***
> *   Option: Einzelne Elemente anordnen (1)
> *   Elemente: Letzte Extrusion im Modellbaum wählen (2)
> *   Drehachse: X-Achse im Modellbaum wählen (3)
> *   Anzahl: [10] (4)
> *   Winkel: [360°] (5)
> *   ***OK***

11.5 Erzeugen einer rechteckigen Anordnung

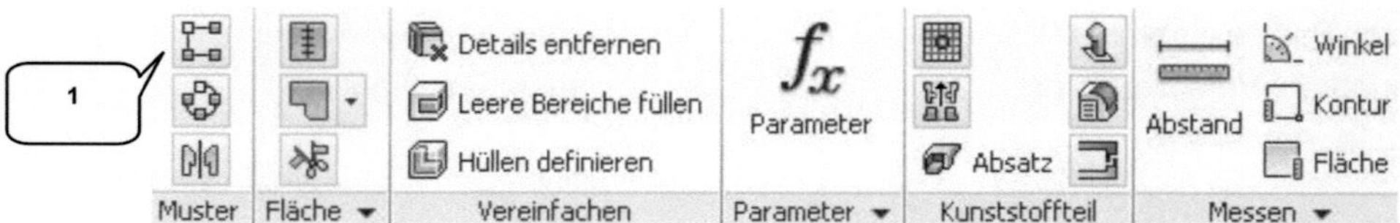

Die soeben erzeugte Anordnung muss nun auch auf die gegenüberliegende Seite der Welle übertragen werden. Hier ist der Befehl ***Rechteckige Anordnung*** (1) zu verwenden.

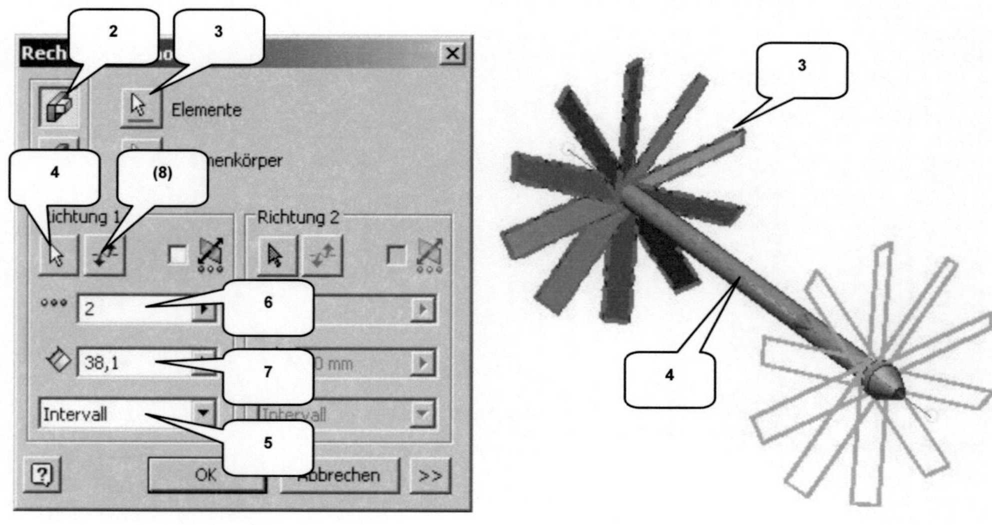

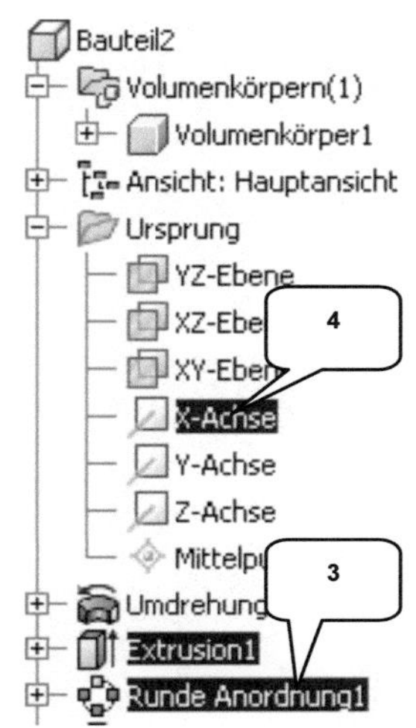

> ➤ *Rechteckige Anordnung* (1)
> ➤ Option: Einzelne Elemente anordnen (2)
> ➤ Elemente: Runde Anordnung im Modellbaum wählen (3)
> ➤ Richtung 1: X-Achse (4)
> ➤ Option: Intervall (5)
> ➤ Anzahl: [2] (6)
> ➤ Abstand: [38,1 mm] (7)
> ➤ *OK*

*Es ist darauf zu achten, dass die Anordnung entlang der X-Achse in Richtung des vorhandenen Volumenkörpers verläuft. Die durch die Anordnung erzeugte Kopie muss also auf der gegenüberliegenden Wellenseite liegen. Sollte dies nicht der Fall sein, muss mit der Taste **Umschalten** (8) korrigiert werden.* !

11.6 Erzeugen einer Schnittmengen-Geometrie

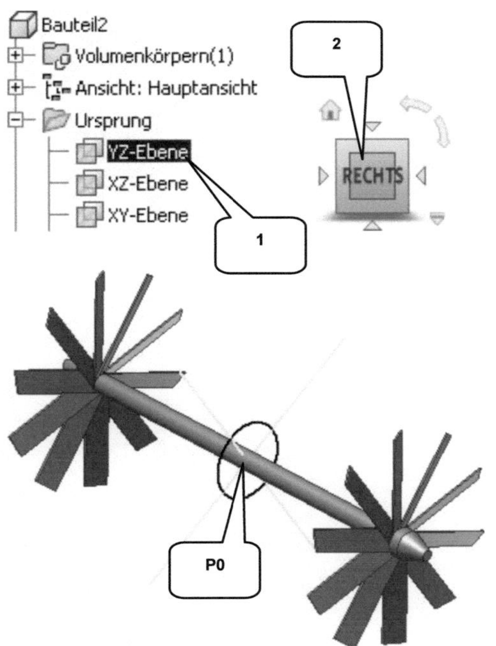

> ➤ *2D-Skizze starten*
> ➤ YZ-Ebene im Modellbaum wählen (1)

> ➤ *ViewCube-Ansicht: RECHTS* (2)
> ➤ *Taste: F7* (Skizze aufschneiden)

> ➤ *Geometrie projizieren*
> ➤ 3 Hauptachsen wählen
> ➤ *Taste: ESC*

> ➤ *Kreis durch Mittelpunkt*
> ➤ Punkt 1: Koordinatenursprung (P0)
> ➤ Punkt 2: Frei ablegen
> ➤ *Taste: ESC*

> ➤ *Bemaßung*
> ➤ Kreisdurchmesser: [7 mm]
> ➤ *Taste: ESC*

> ➤ *Skizze fertig stellen*

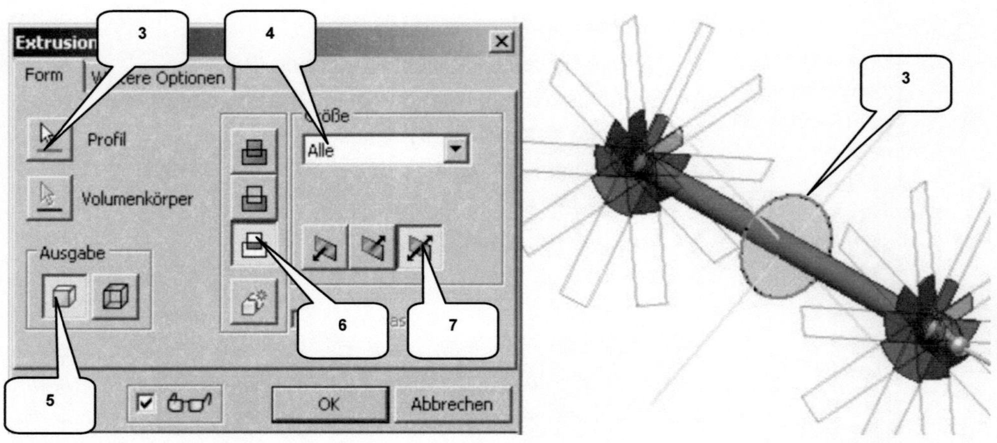

- ➤ *Extrusion*
- ➤ Profil: Kreis (3)
- ➤ Größe: Alle (4)
- ➤ Ausgabe: Volumenkörper (5)
- ➤ Verfahren: Schnittmenge (6)
- ➤ Richtung: Symmetrisch (7)
- ➤ *OK*

11.7 Runden der beiden Wellenenden

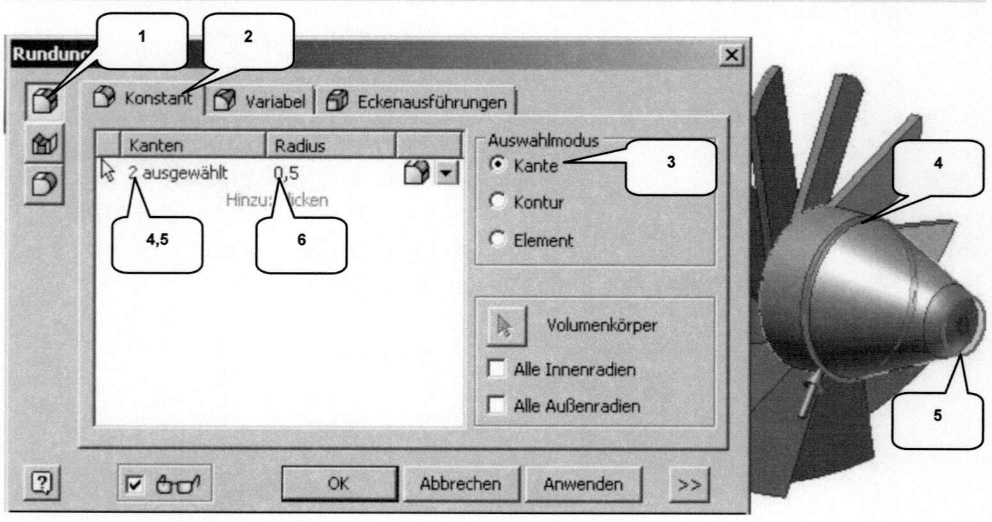

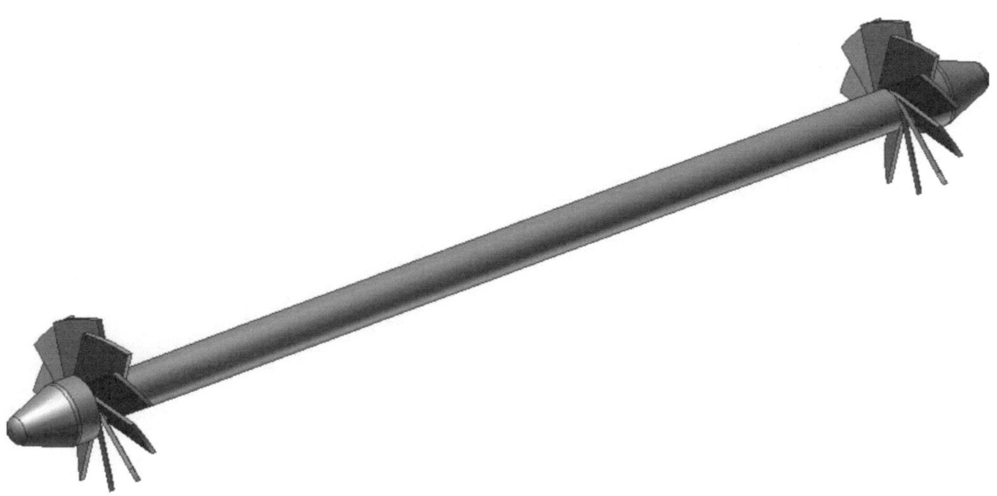

> *Rundung*
> Option: Kantenabrundung (1)
> Reiter: Konstant (2)
> Auswahlmodus: Kante (3)
> Kanten: Kanten wählen (4, 5)
> Radius: [0,5 mm] (6)
> *OK*

Die beiden auf der gegenüberliegenden Seite der Welle noch vorhandenen Kanten sind ebenfalls zu runden. Das Bauteil Turbineneinheit ist damit fertiggestellt und kann gespeichert und geschlossen werden.

> *Speichern*
> Dateiname: *Turbineneinheit*
> Dateityp: (*.ipt)
> *Speichern*

> *Datei schließen*

12 Baugruppe: Hubschrauber

12.1 Erstellen der neuen Datei und Platzieren des ersten Bauteils

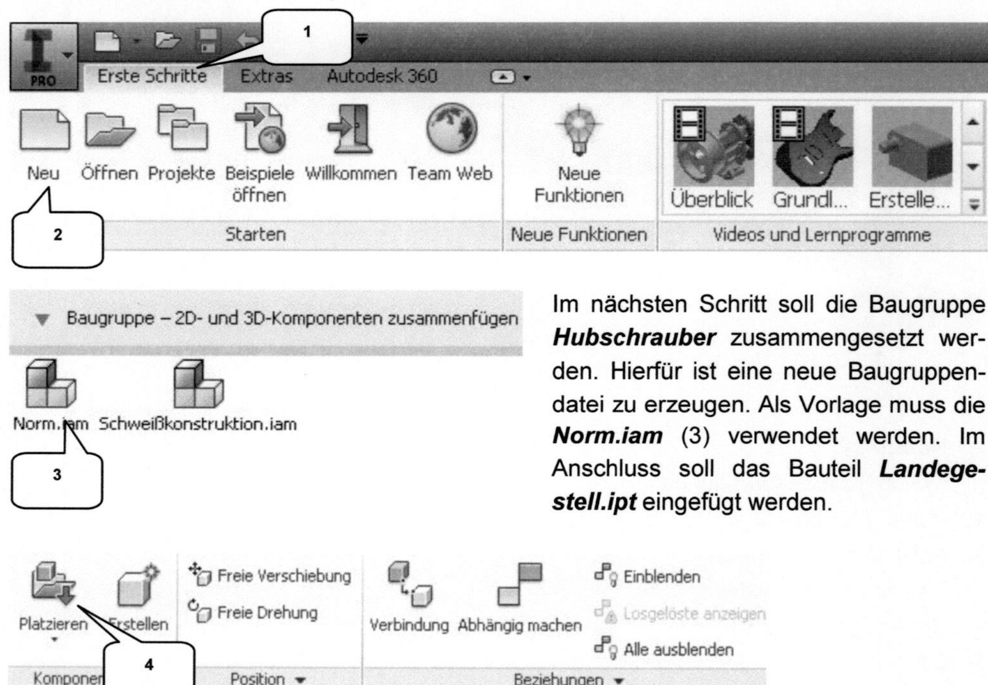

Im nächsten Schritt soll die Baugruppe *Hubschrauber* zusammengesetzt werden. Hierfür ist eine neue Baugruppendatei zu erzeugen. Als Vorlage muss die *Norm.iam* (3) verwendet werden. Im Anschluss soll das Bauteil *Landegestell.ipt* eingefügt werden.

Das Einfügen von Bauteilen oder Unterbaugruppen in einer Baugruppe erfolgt über den Befehl *Komponente platzieren* (4). Hierbei ist zu beachten, dass die als erstes in eine Baugruppe eingefügte Komponente (Bauteil/ Baugruppe) auf den Ursprungspunkt der Baugruppe ausgerichtet werden sollte. Das bedeutet, dass das Koordinatensystem der eingefügten Komponente auf das Koordinatensystem der Baugruppe ausgerichtet und anschließend vom Programm festgesetzt wird. Günstig ist es daher, als erstes eine Komponente einzufügen, welche nicht beweglich sein muss und auf welcher alle anderen Komponenten aufbauen können. Also eine Basiskomponente.

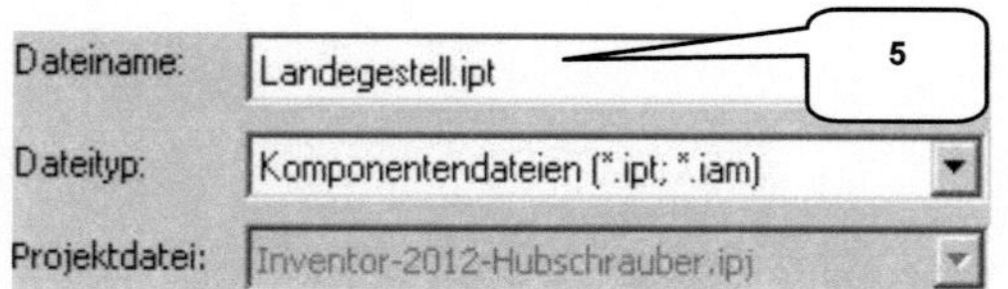

> *Komponente platzieren* (4)
> Dateiname: [Landegestell.ipt] (5)
> *ÖFFNEN*
> Rechte Maustaste > Option *Am Ursprung fixiert platzieren* wählen
> *Taste: ESC*

12.2 Platzieren der restlichen Bauteile

Jetzt sind die restlichen Bauteile in die Baugruppe einzufügen. Bei gedrückter *Taste: STRG* können alle restlichen Bauteile nacheinander mit der linken Maustaste markiert werden.

- ➢ ***Komponente platzieren***
- ➢ Bei gedrückter ***Taste: STRG*** mit linker Maustaste die folgenden Bauteile wählen:
- ➢ Hauptrotor.ipt
- ➢ Heckrotor.ipt
- ➢ Rumpf-Oberteil.ipt
- ➢ Rumpf-Unterteil.ipt

- ➢ Turbineneinheit.ipt
- ➢ Turbinengehäuse.ipt
- ➢ ***ÖFFNEN***

- ➢ Bauteile einmal im Zeichenbereich mit linker Maustaste frei ablegen
- ➢ ***Taste: ESC***

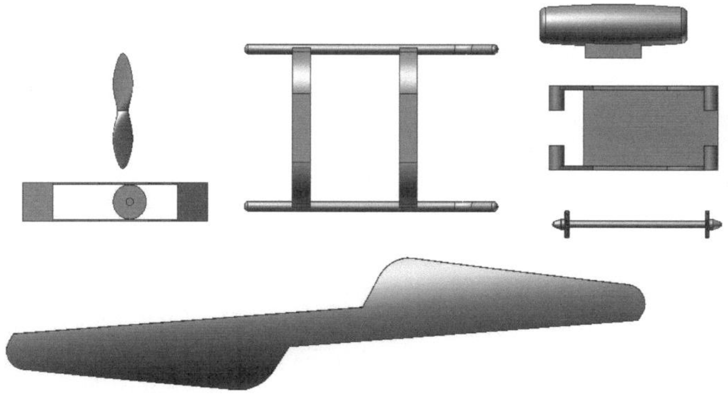

*Die zuerst in eine Baugruppe eingefügte **Basiskomponente** sollte am Koordinatenursprungspunkt der Baugruppe ausgerichtet werden. Alle folgend eingefügten Bauteile können vorerst frei mit der linken Maustaste im Zeichenbereich abgelegt werden. Deren Ausrichtung erfolgt anschließend.*

!

12.3 Bauteil: Rumpf-Unterteil mit Abhängigkeiten versehen

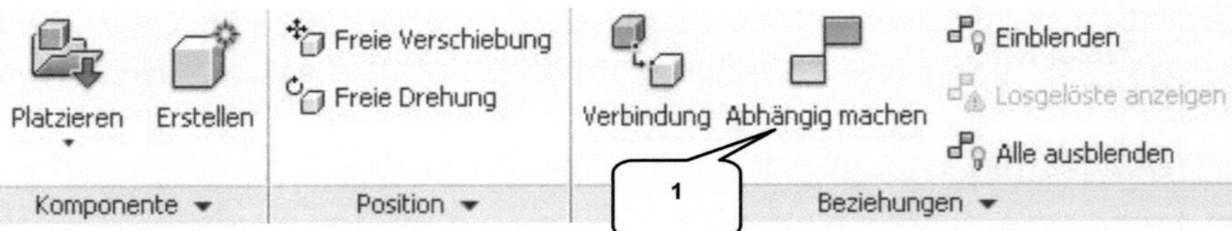

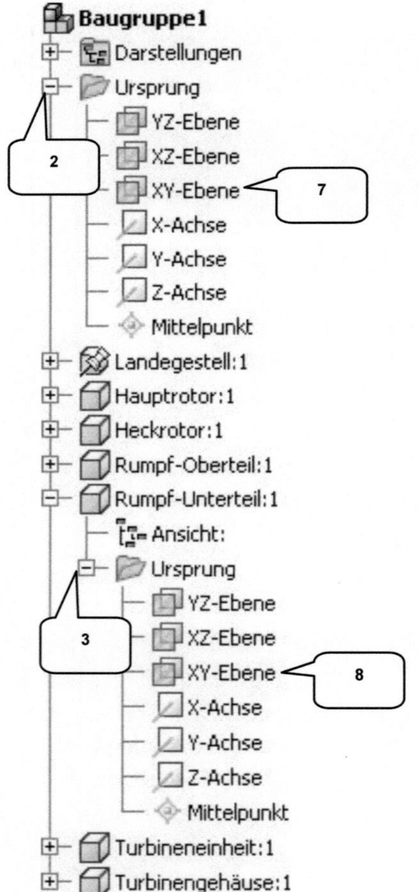

Werden Komponenten in eine Baugruppe eingefügt und frei abgelegt, so besitzen sie insgesamt sechs Freiheitsgrade. Diese Freiheitsgrade setzen sich zusammen aus den drei linearen Bewegungen entlang der Hauptachsen einer Baugruppe (X, Y, Z) sowie den Rotationen um die selbigen.

Mit dem Befehl **Abhängig machen** (1) werden frei bewegliche Komponenten in diesen Freiheitsgraden eingeschränkt, indem nacheinander Achsen, Kanten Flächen, Ebenen auf geometrische Elemente anderer Bauteile oder der Baugruppe platziert werden.

Als erstes Bauteil soll das **Rumpf-Unterteil** mit Abhängigkeiten versehen werden. Hierfür müssen im Modellbaum der Ordner **Ursprung** der Baugruppe (2) sowie der Ordner **Ursprung** des Bauteils **Rumpf-Unterteil** (3) aufgeklappt werden. Dann soll die XY-Ebene des Bauteils **Rumpf-Unterteil** (8) auf der XY-Ebene der Baugruppe (7) platziert werden.

> Ordner **Ursprung** der Baugruppe aufklappen (2)
> Ordner **Ursprung** des Bauteils **Rumpf-Unterteil** aufklappen (3)

*Besonders am Anfang muss das Setzen von Abhängigkeiten geübt werden. Nach jeder gesetzten Abhängigkeit sollte der Befehl **Abhängig machen** geschlossen werden und anschließend bei gedrückter linker Maustaste auf das betreffende Bauteil und dem Bewegen der Maus geprüft werden, ob die Abhängigkeiten richtig gesetzt wurden. Das Bauteil sollte sich dann nur noch eingeschränkt bewegen lassen.*

!

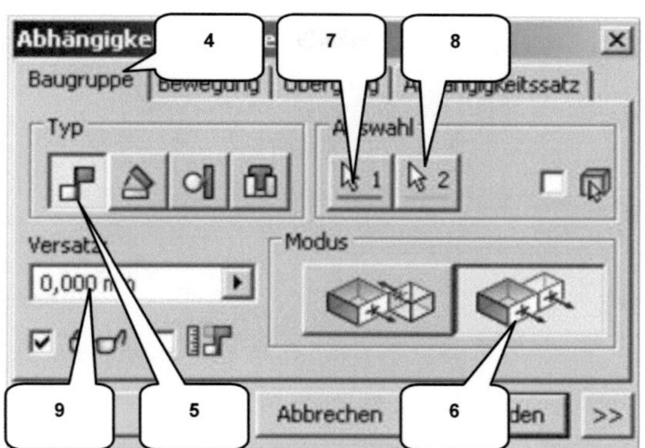

> *Abhängig machen* (1)
> Reiter: Baugruppe (4)
> Typ: Passend (5)
> Modus: Fluchtend (6)
> Auswahl 1: XY-Ebene (Baugruppe) (7)
> Auswahl 2: XY-Ebene (Rumpf-Unterteil) (8)
> Versatz: [0 mm] (9)
> *OK*

Die folgenden beiden Abhängigkeiten sollen Flächen des Bauteils *Rumpf-Unterteil* mit Flächen des Bauteils *Landegestell* verbinden. Die Ansicht ist entsprechend frei zu drehen.

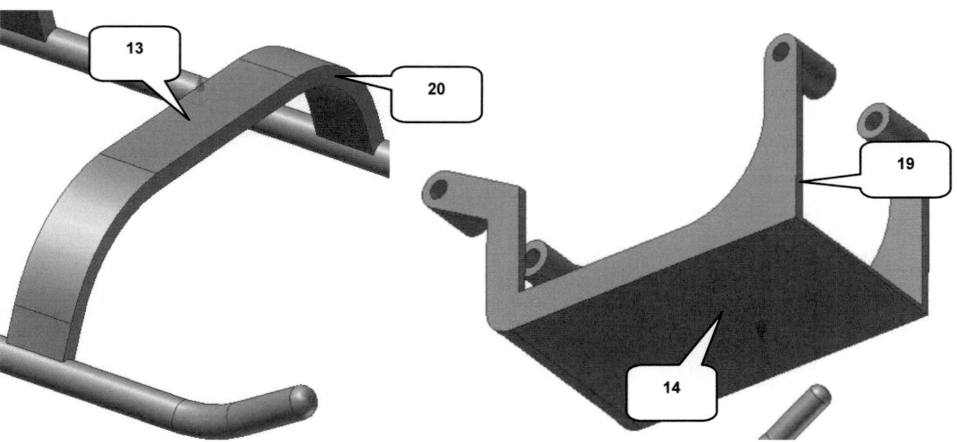

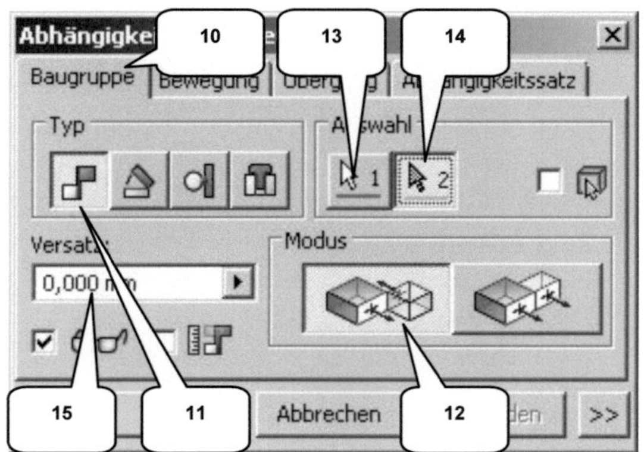

> *Abhängig machen*
> Reiter: Baugruppe (10)
> Typ: Passend (11)
> Modus: Passend (12)
> Auswahl 1: Markierte Fläche (13)
> Auswahl 2: Markierte Fläche (14)
> Versatz: [0 mm] (15)
> *OK*

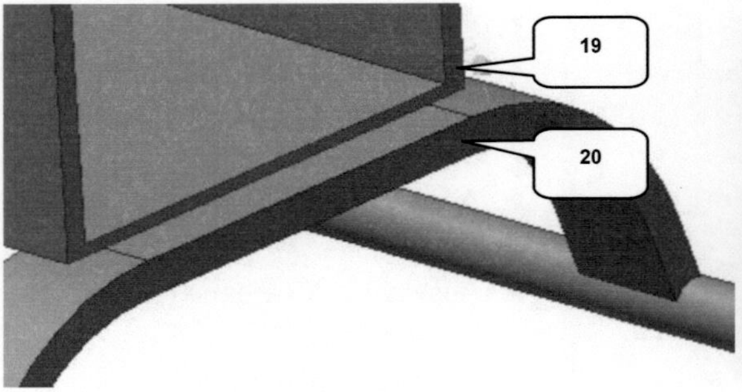

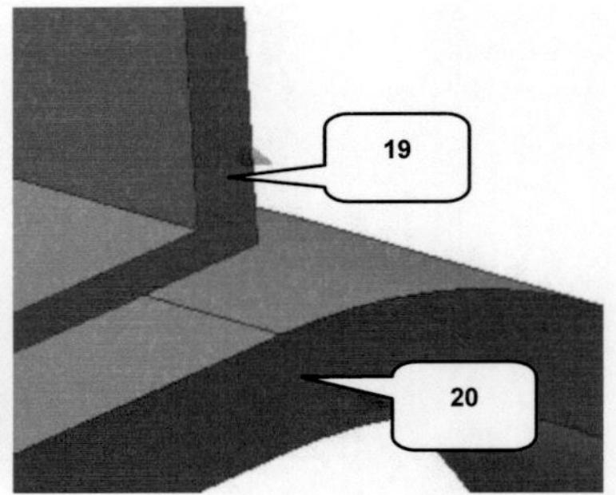

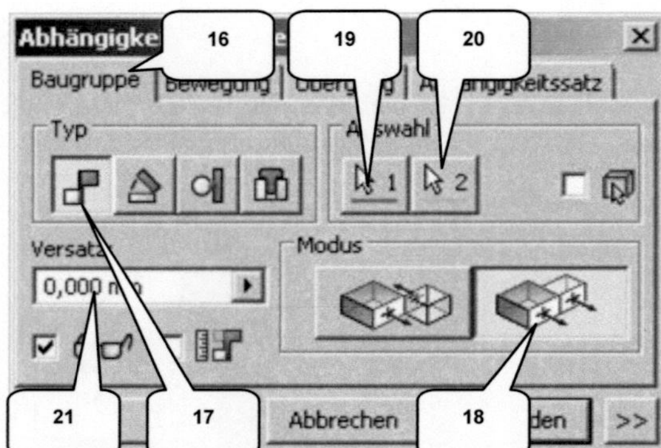

> *Abhängig machen*
> Reiter: Baugruppe (16)
> Typ: Passend (17)
> Modus: Fluchtend (18)
> Auswahl 1: Markierte Fläche (19)
> Auswahl 2: Markierte Fläche (20)
> Versatz: [0 mm] (21)
> *OK*

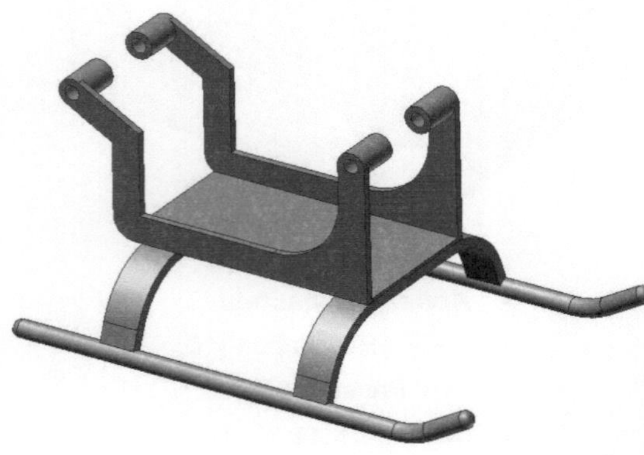

Das Bauteil *Rumpf-Unterteil* sollte jetzt bei gedrückter linker Maustaste und Verschieben der Maus nicht mehr beweglich sein. Beim Versuch das Bauteil mit der Maus wegzuziehen, erscheint ein kleines Symbol mit einem durchgestrichenen Kreis.

*Werden Komponenten in einer Baugruppe mit Abhängigkeiten versehen, werden diese Abhängigkeiten im Modellbaum unterhalb der Komponente abgelegt (22). Diese können hier bearbeitet (Option **Bearbeiten** der rechten Maustaste) oder gelöscht werden (Option **Löschen** der rechten Maustaste).*

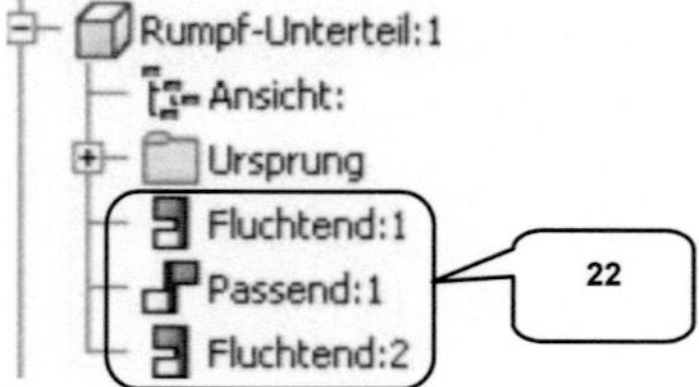

12.4 Bauteil: Rumpf-Oberteil mit Abhängigkeiten versehen

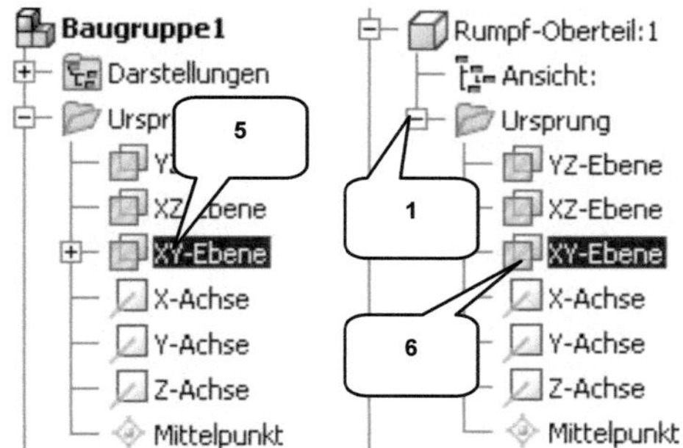

Mit den nächsten Abhängigkeiten soll das Bauteil **Rumpf-Oberteil** in Lage und Position definiert werden. Vorab ist auch hier der Ordner **Ursprung** dieses Bauteils zu öffnen.

> Ordner **Ursprung** (Bauteil Rumpf-Oberteil) aufklappen (1)

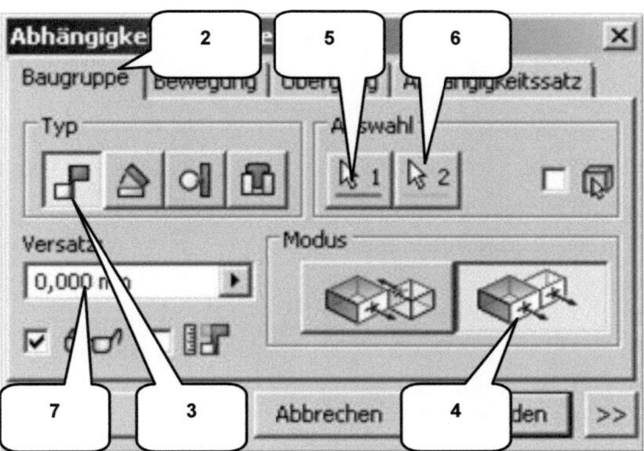

> **Abhängig machen**
> Reiter: Baugruppe (2)
> Typ: Passend (3)
> Modus: Fluchtend (4)
> Auswahl 1: XY-Ebene (Baugruppe) (5)
> Auswahl 2: XY-Ebene (Rumpf-Oberteil) (6)
> Versatz: [0 mm] (7)
> **OK**

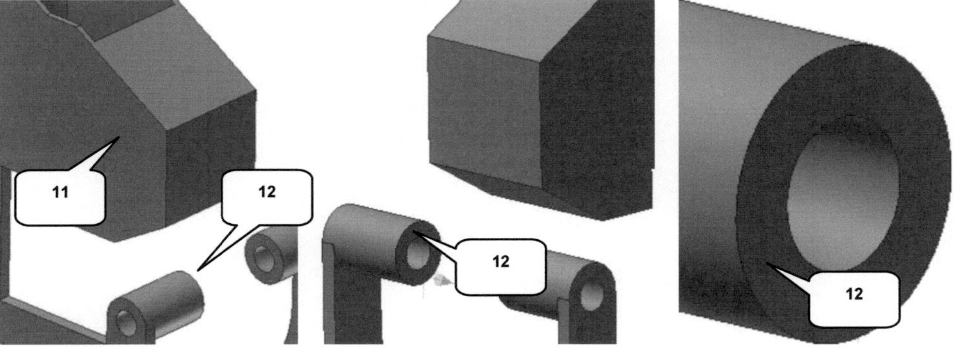

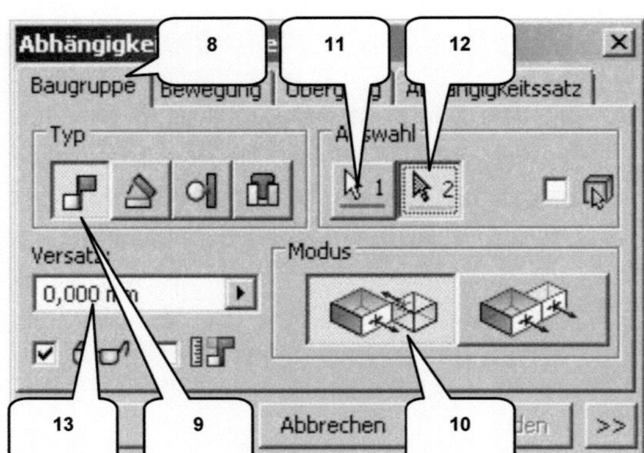

> ➤ *Abhängig machen*
> ➤ Reiter: Baugruppe (8)
> ➤ Typ: Passend (9)
> ➤ Modus: Passend (10)
> ➤ Auswahl 1: Markierte Fläche (11)
> ➤ Auswahl 2: Markierte Fläche (12)
> ➤ Versatz: [0 mm] (13)
> ➤ *OK*

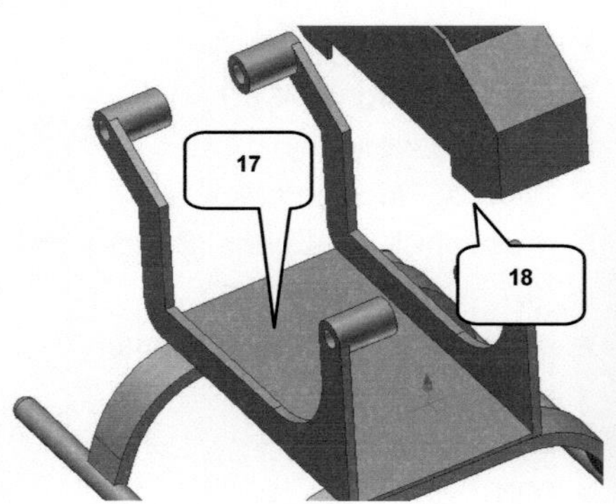

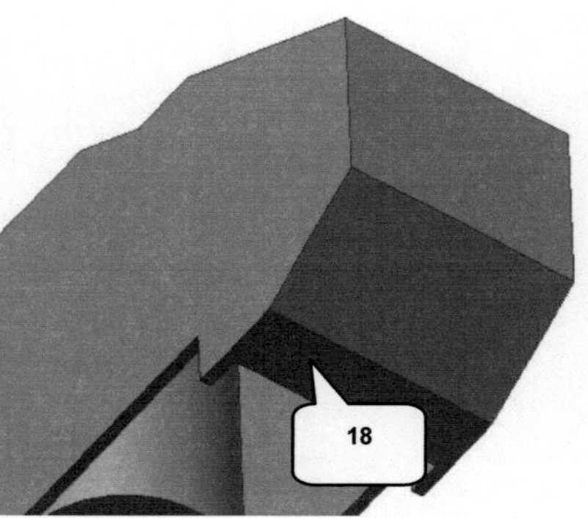

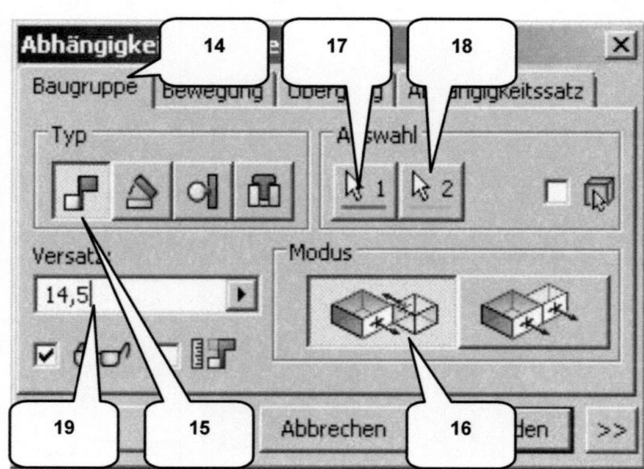

> ➤ *Abhängig machen*
> ➤ Reiter: Baugruppe (14)
> ➤ Typ: Passend (15)
> ➤ Modus: Passend (16)
> ➤ Auswahl 1: Markierte Fläche (17)
> ➤ Auswahl 2: Markierte Fläche (18)
> ➤ Versatz: [*14,5 mm*] (19)
> ➤ *OK*

*Beim Setzen der letzten Abhängigkeit ist darauf zu achten, den **Versatz** auf **14,5 mm** einzustellen. Auch bei den folgenden Abhängigkeiten sollte stets auf die Angabe des Wertes für den Versatz geachtet werden, da dieser teilweise von Null abweicht.*   **!**

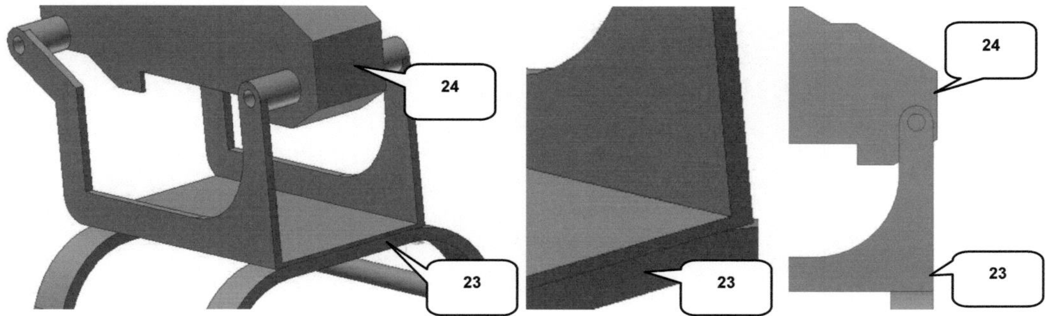

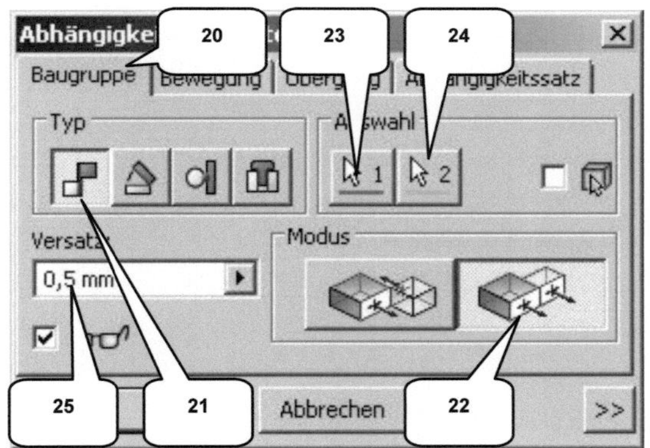

> *Abhängig machen*
> Reiter: Baugruppe (20)
> Typ: Passend (21)
> Modus: Fluchtend (22)
> Auswahl 1: Markierte Fläche (23)
> Auswahl 2: Markierte Fläche (24)
> Versatz: [*0,5 mm*] (25)
> *OK*

*In der Ansicht: OBEN (ViewCube) muss das Bauteil **Rumpf-Oberteil** um **0,5 mm** nach Rechts über das Bauteil **Rumpf-Unterteil** hinausragen (siehe obere Abbildung). Sollte dies nicht der Fall sein (verkehrte Richtung) ist der Versatz auf **-0,5 mm** zu korrigieren.* !

Vor dem Setzen der nächsten Abhängigkeiten ist die Baugruppe zu speichern. Als Dateiname ist die Bezeichnung **Hubschrauber** zu verwenden. Der Dateityp ist ***.iam**.

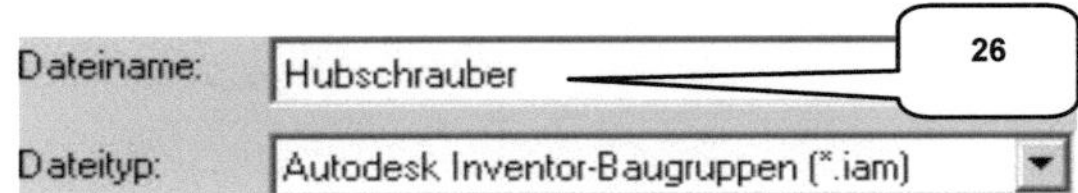

> *Speichern*
> Dateiname: **Hubschrauber** (26)
> Dateityp: (*.iam)
> *Speichern*

12.5 Bauteil: Turbinengehäuse mit Abhängigkeiten versehen

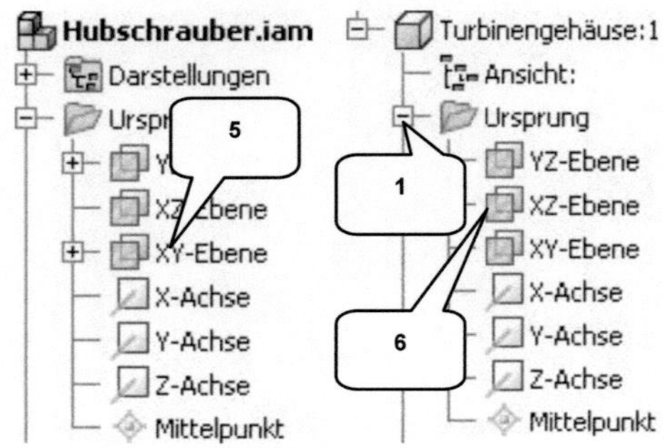

Mit den nächsten Abhängigkeiten soll das Bauteil **Turbinengehäuse** in Lage und Position definiert werden. Vorab ist auch hier der Ordner **Ursprung** des Bauteils zu öffnen.

> Ordner **Ursprung** des Bauteils **Turbinengehäuse** aufklappen (1)

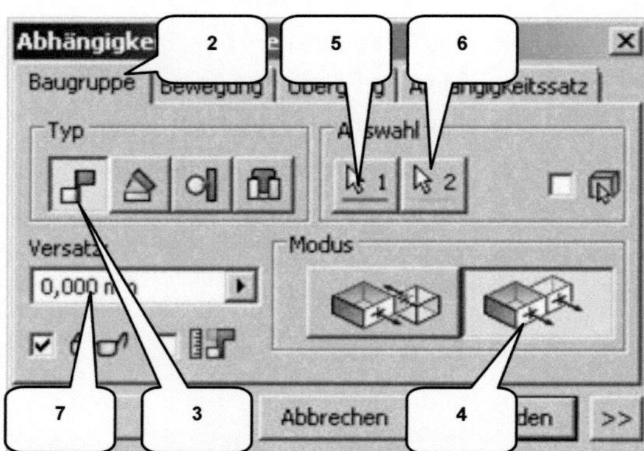

> **Abhängig machen**
> Reiter: Baugruppe (2)
> Typ: Passend (3)
> Modus: Fluchtend (4)
> Auswahl 1: XY-Ebene (Baugruppe) (5)
> Auswahl 2: XZ-Ebene (Turbinengehäuse) (6)
> Versatz: [0 mm] (7)
> **OK**

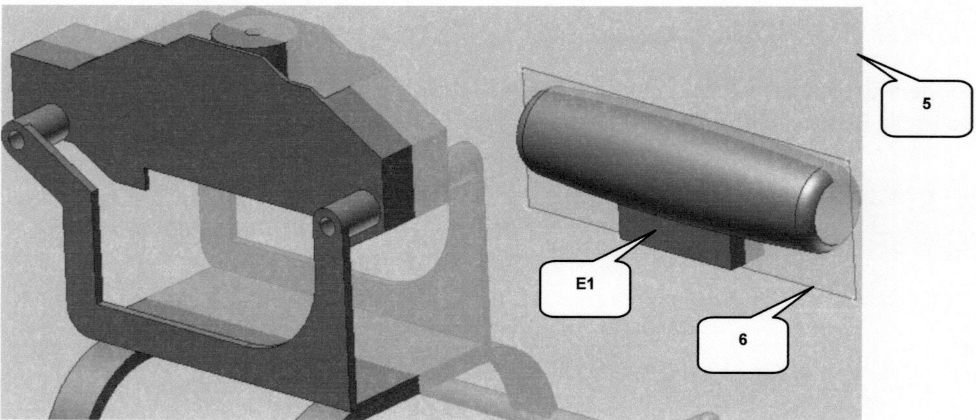

*Das Turbinengehäuse muss wie in der oberen Abbildung dargestellt angeordnet sein. Das lineare Extrusionselement (E1) des Turbinengehäuses sollte nach unten zeigen. Wenn nicht, ist der Modus der Abhängigkeit von **Fluchtend** auf **Passend** zu korrigieren.*

!

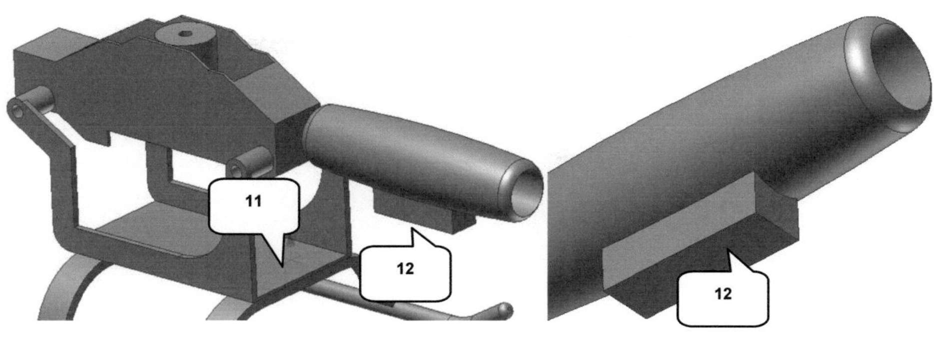

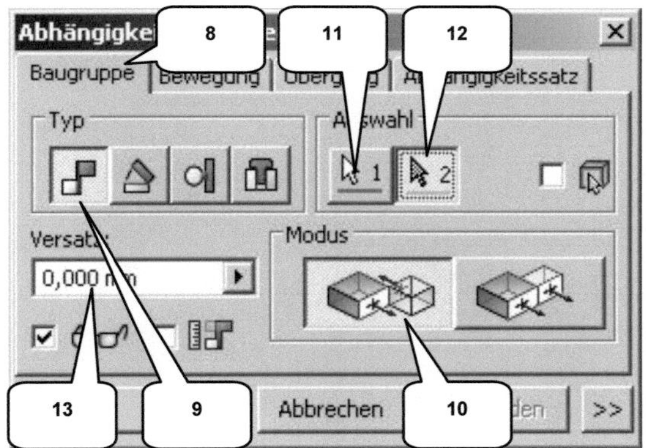

> ***Abhängig machen***
> - Reiter: Baugruppe (8)
> - Typ: Passend (9)
> - Modus: Passend (10)
> - Auswahl 1: Markierte Fläche (11)
> - Auswahl 2: Markierte Fläche (12)
> - Versatz: [0 mm] (13)
> - ***OK***

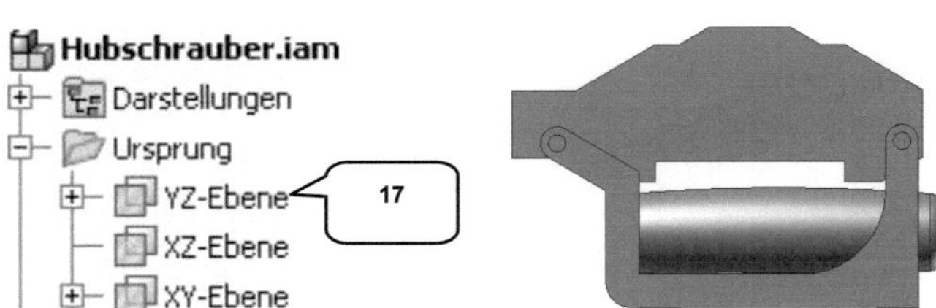

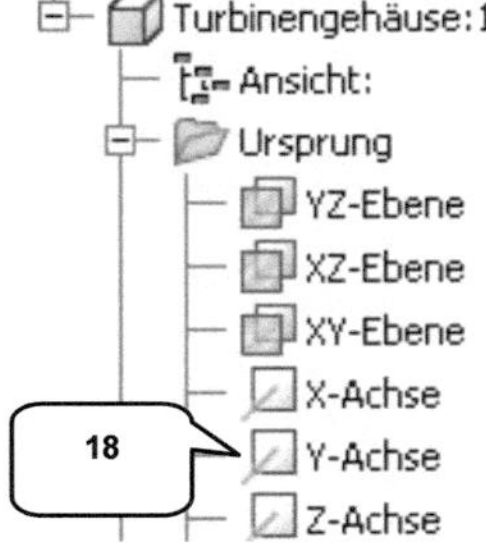

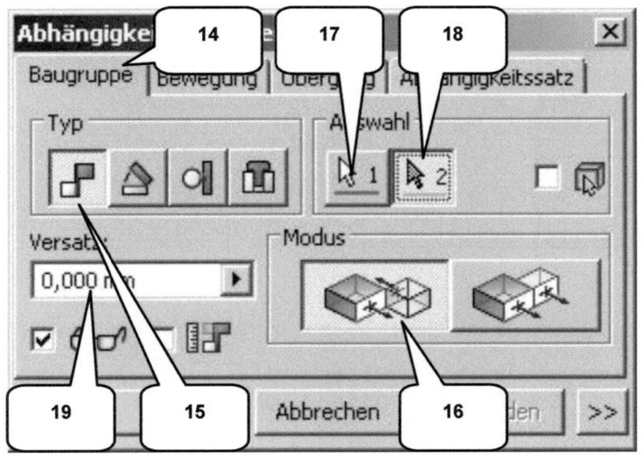

> ***Abhängig machen***
> - Reiter: Baugruppe (14)
> - Typ: Passend (15)
> - Modus: Passend (16)
> - Auswahl 1: YZ-Ebene (Baugruppe) (17)
> - Auswahl 2: Y-Achse (Turbinengehäuse) (18)
> - Versatz: [0 mm] (19)
> - ***OK***

12.6 Bauteil: Turbineneinheit mit Abhängigkeiten versehen

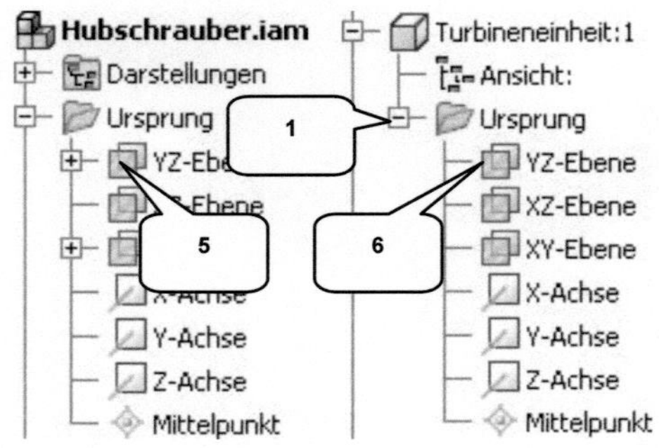

Mit den nächsten Abhängigkeiten soll das Bauteil *Turbineneinheit* in Lage und Position definiert werden. Vorab ist auch hier der Ordner *Ursprung* des Bauteils zu öffnen.

➢ Ordner *Ursprung* des Bauteils *Turbineneinheit* aufklappen (1)

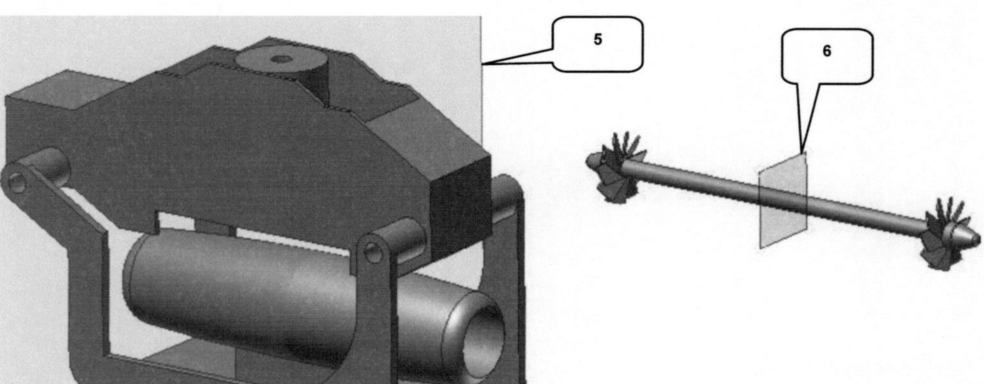

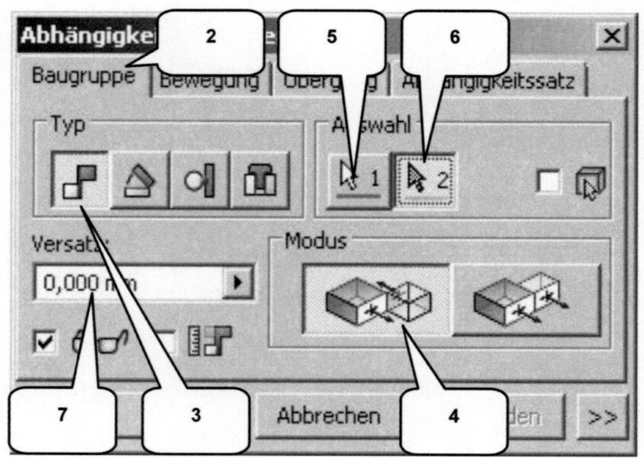

➢ *Abhängig machen*
➢ Reiter: Baugruppe (2)
➢ Typ: Passend (3)
➢ Modus: Passend (4)
➢ Auswahl 1: YZ-Ebene (Baugruppe) (5)
➢ Auswahl 2: YZ-Ebene (Turbineneinheit) (6)
➢ Versatz: [0 mm] (7)
➢ *OK*

Mit der nächsten Abhängigkeit soll die Längsachse der Turbineneinheit mit der Längsachse des Turbinengehäuses verbunden werden. Hierbei genügt es, auf die Rotationsflächen des jeweiligen Bauteils zu klicken. Das Programm wählt die passende Achse automatisch.

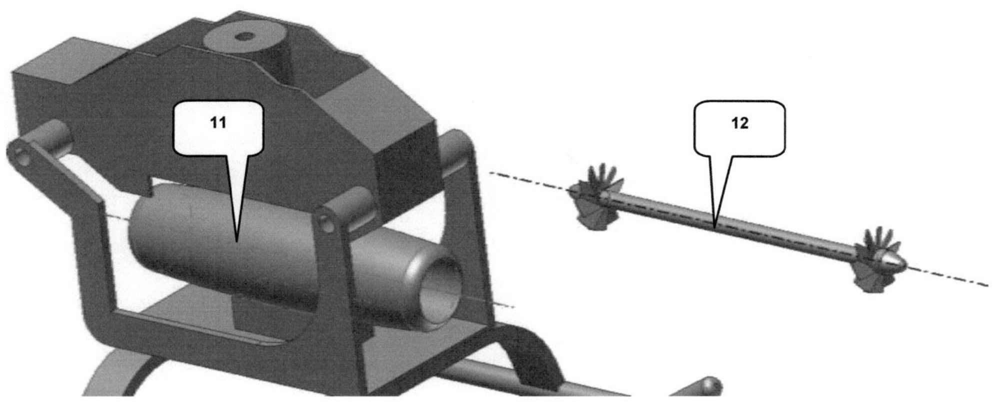

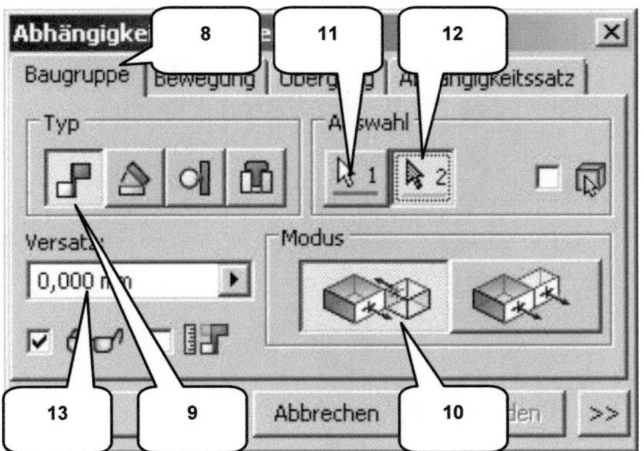

> *Abhängig machen*
> Reiter: Baugruppe (8)
> Typ: Passend (9)
> Modus: Passend (10)
> Auswahl 1: Mantelfläche
>   (Turbinengehäuse) (11)
> Auswahl 2: Welle (Turbineneinheit)
>   (12)
> Versatz: [0 mm] (13)
> *OK*

12.7 Bauteil: Hauptrotor mit Abhängigkeiten versehen

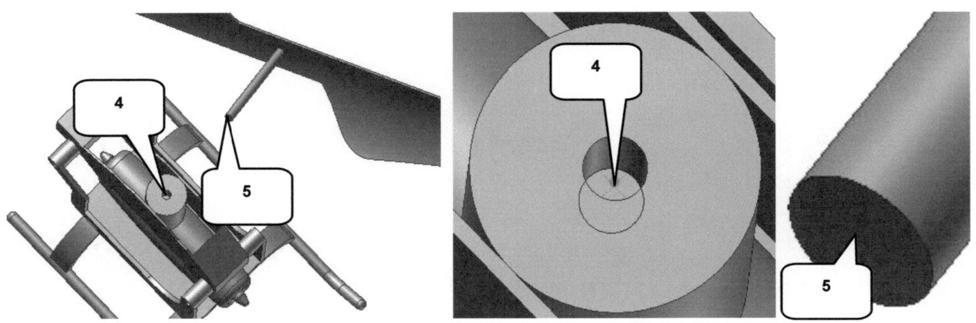

Nun soll der *Hauptrotor* befestigt werden. Vorab muss auch hier der Ordner *Ursprung* des
Bauteils aufgeklappt werden.

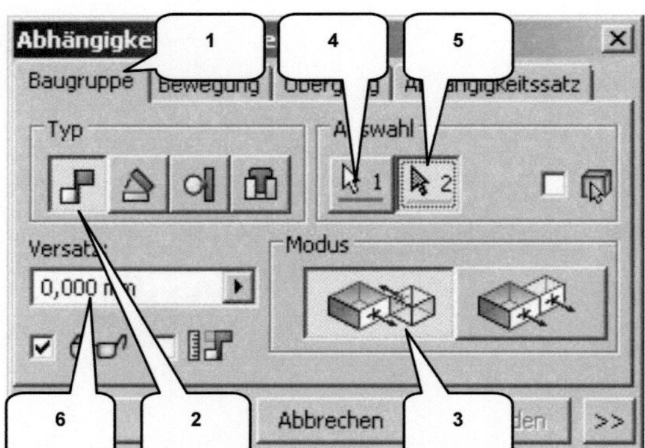

> *Abhängig machen*
> Reiter: Baugruppe (1)
> Typ: Passend (2)
> Modus: Passend (3)
> Auswahl 1: Markierte Bohrungs-
  fläche (Rumpf-Oberteil) (4)
> Auswahl 2: Markierte Fläche
  (Hauptrotor) (5)
> Versatz: [0 mm] (6)
> *OK*

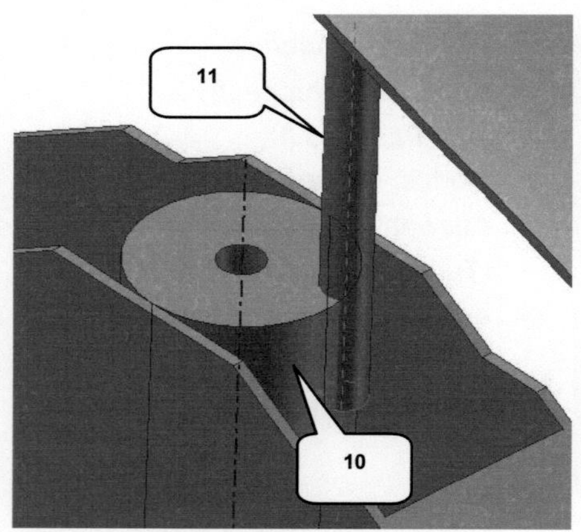

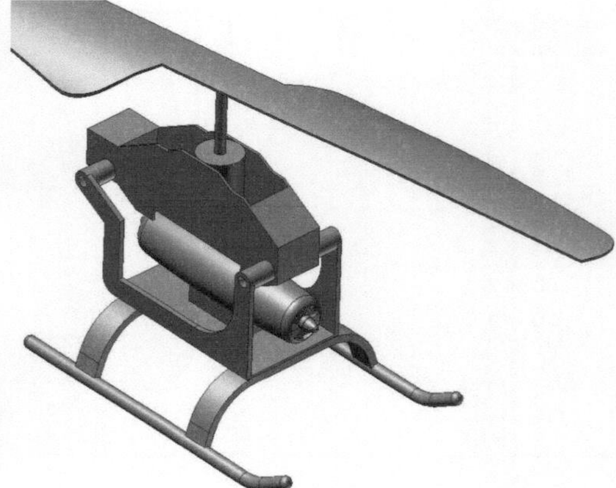

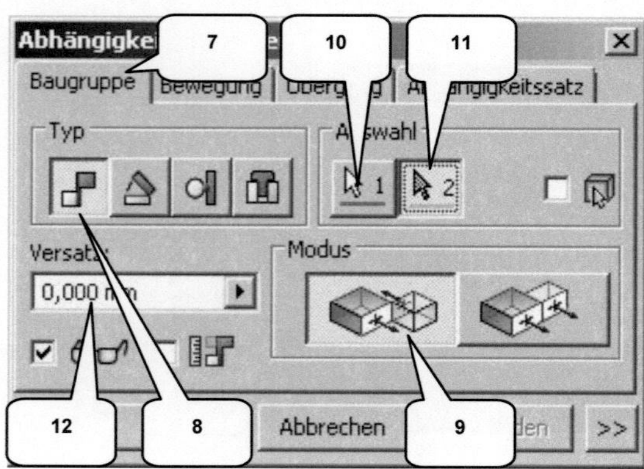

> *Abhängig machen*
> Reiter: Baugruppe (7)
> Typ: Passend (8)
> Modus: Passend (9)
> Auswahl 1: Zylinderfläche
  (Rumpf-Oberteil) (10)
> Auswahl 2: Zylinderfläche
  (Hauptrotor) (11)
> Versatz: [0 mm] (12)
> *OK*

12.8 Den Heckausleger aus der Baugruppe heraus erzeugen

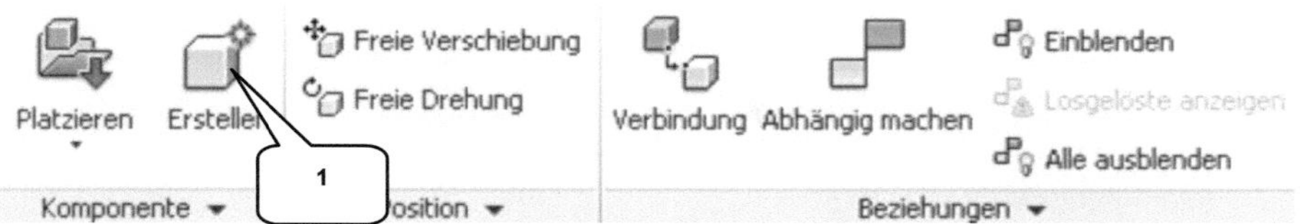

Neue Bauteile und Baugruppen können mit dem Befehl *Erstellen* (1) direkt aus einer Baugruppe heraus erzeugt werden. Der Vorteil hierbei ist, dass diese Komponenten in Abhängigkeit zu den bereits in der Baugruppe platzierten Komponenten gesetzt werden können. Das spätere Setzen von Abhängigkeiten ist dann nicht mehr erforderlich.

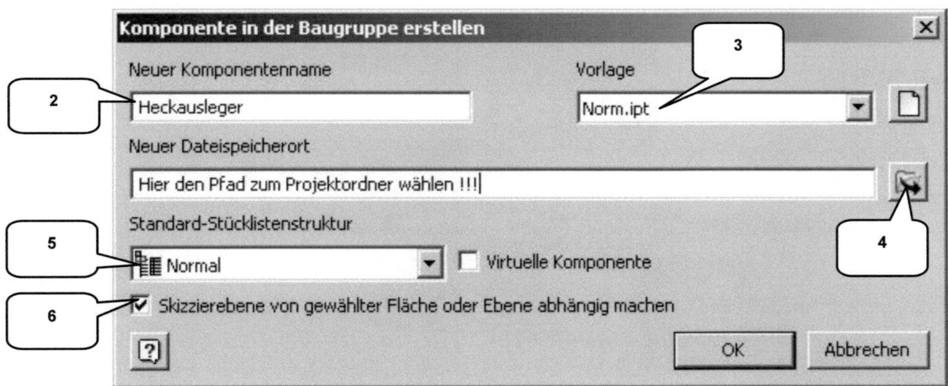

> *Erstellen* (1)
> Komponentenname: [Heckausleger] (2)
> Vorlage: Norm.ipt (3)
> Dateispeicherort: Projektordner wählen (4)
> Stücklistenstruktur: Normal (5)
> Aktivieren: Skizzierebene von gewählter Fläche oder Ebene abhängig machen (6)
> *OK*

Das Programm erwartet jetzt die Positionierung der Ausgangsebene für das neue Bauteil. Hier ist die markierte Fläche (7) zu wählen.

> Mit linker Maustaste auf die markierte Fläche (7) klicken

Auf der gewählten Fläche wird automatisch eine neue 2D-Skizze erzeugt, in welcher die Kreiskante der Bohrung (Bauteil Rumpf-Oberteil) *projiziert* werden muss. Die Skizze kann dann wieder geschlossen werden.

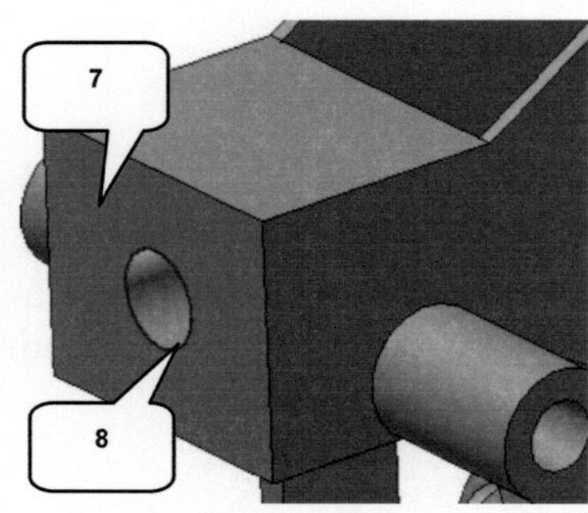

> ➢ *Geometrie projizieren*
> ➢ Markierte Bohrungskante wählen (8)
> ➢ *Taste: ESC*
>
> ➢ *Skizze fertig stellen*

12.9 Asymmetrisches Extrudieren der ersten Skizzenkontur

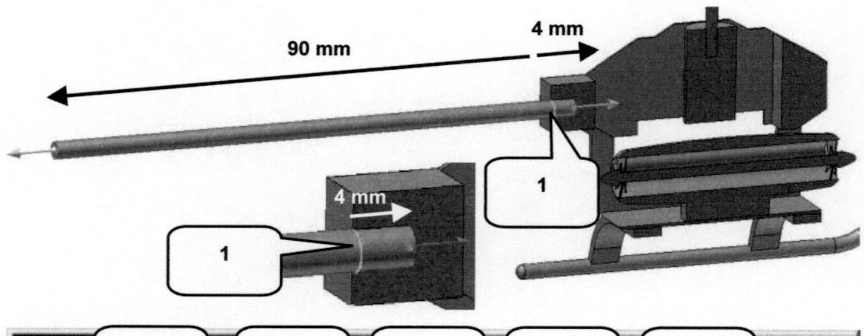

Der Kreis soll jetzt extrudiert werden. Diesmal in zwei verschiedene Richtungen und mit unterschiedlichen Abständen (Option *Asymmetrisch*) (2).

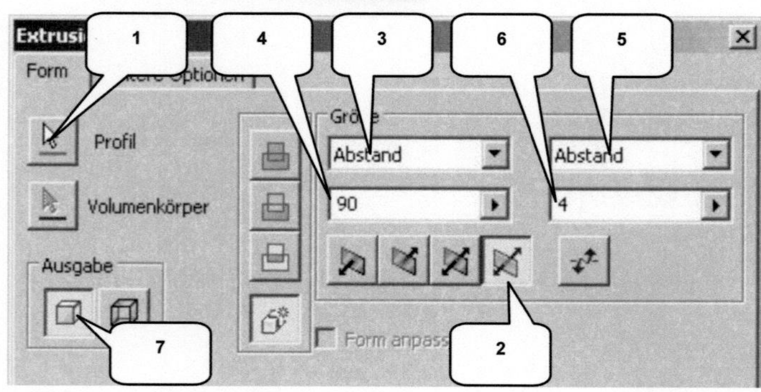

Der Kreis muss 4 mm in die Bohrung des Bauteils Rumpf-Oberteil hineinragen und 90 mm in die entgegengesetzte Richtung.

> ➢ *Extrusion*
> ➢ Profil: Kreis (1)
> ➢ Richtung: Asymmetrisch (2)
> ➢ Größe 1: Abstand (3)
> ➢ Abstand 1: [90 mm] (4)

> ➢ Größe 2: Abstand (5)
> ➢ Abstand 2: [4 mm] (6)
> ➢ Ausgabe: Volumenkörper (7)
> ➢ *OK*

12.10 Erzeugen neuer Arbeitselemente (Achse, Ebenen)

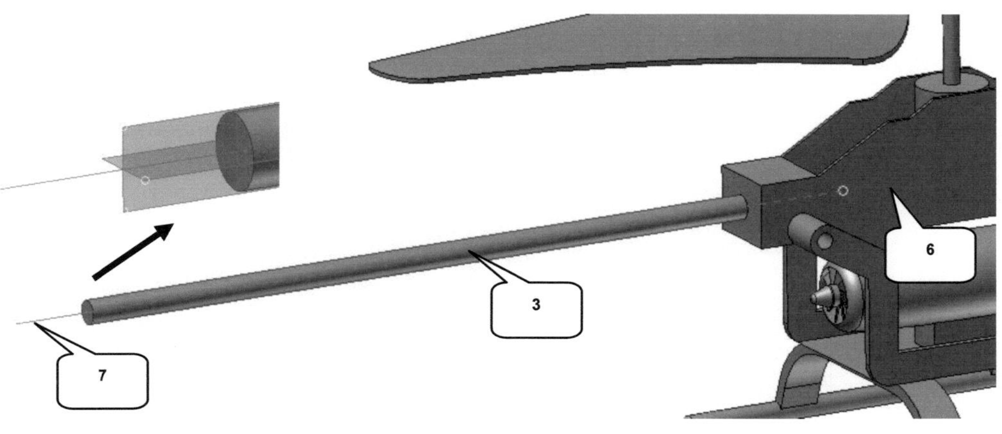

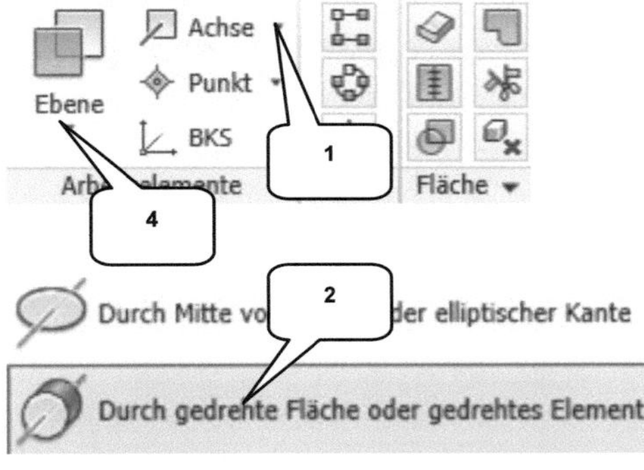

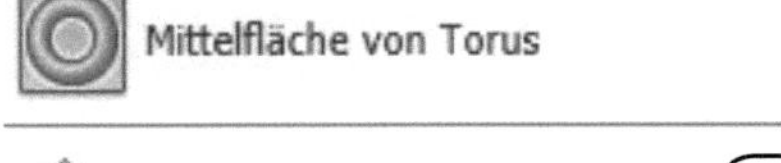

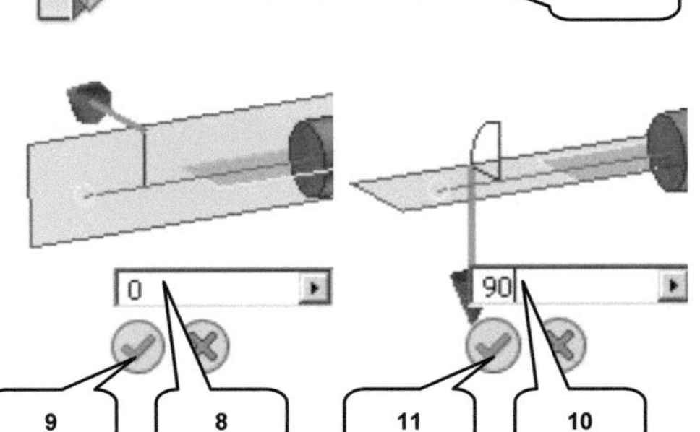

Zur weiteren Bearbeitung des Heckauslegers sind neue Arbeitselemente (Arbeitsachse, Arbeitsebenen) zu erstellen.

> Befehlsgruppe **Achse** erweitern (1)

> **Durch gedrehte Fläche oder ...** (2)
> Markierte Zylinderfläche wählen (3)
> **Taste: ESC**

> Befehlsgruppe **Ebene** erweitern (4)

> **Ebene durch Winkel, Ebene, Kante** (5)
> Markierte Seitenfläche wählen (6)
> Neu erzeugte Arbeitsachse wählen (7)
> Winkel: [0°] (8)
> **OK** (9)

> **Ebene durch Winkel, Ebene, Kante** (5)
> Markierte Seitenfläche wählen (6)
> Neu erzeugte Arbeitsachse wählen (7)
> Winkel: [90°] (10)
> **OK** (11)

12.11 Zeichnen und Extrudieren des hinteren Zylinders

Die drei neuen Arbeitselemente sollten sichtbar entlang des zylindrischen Körpers verlaufen. Auf den Arbeitsebenen können jetzt neue 2D-Skizzen erzeugt werden.

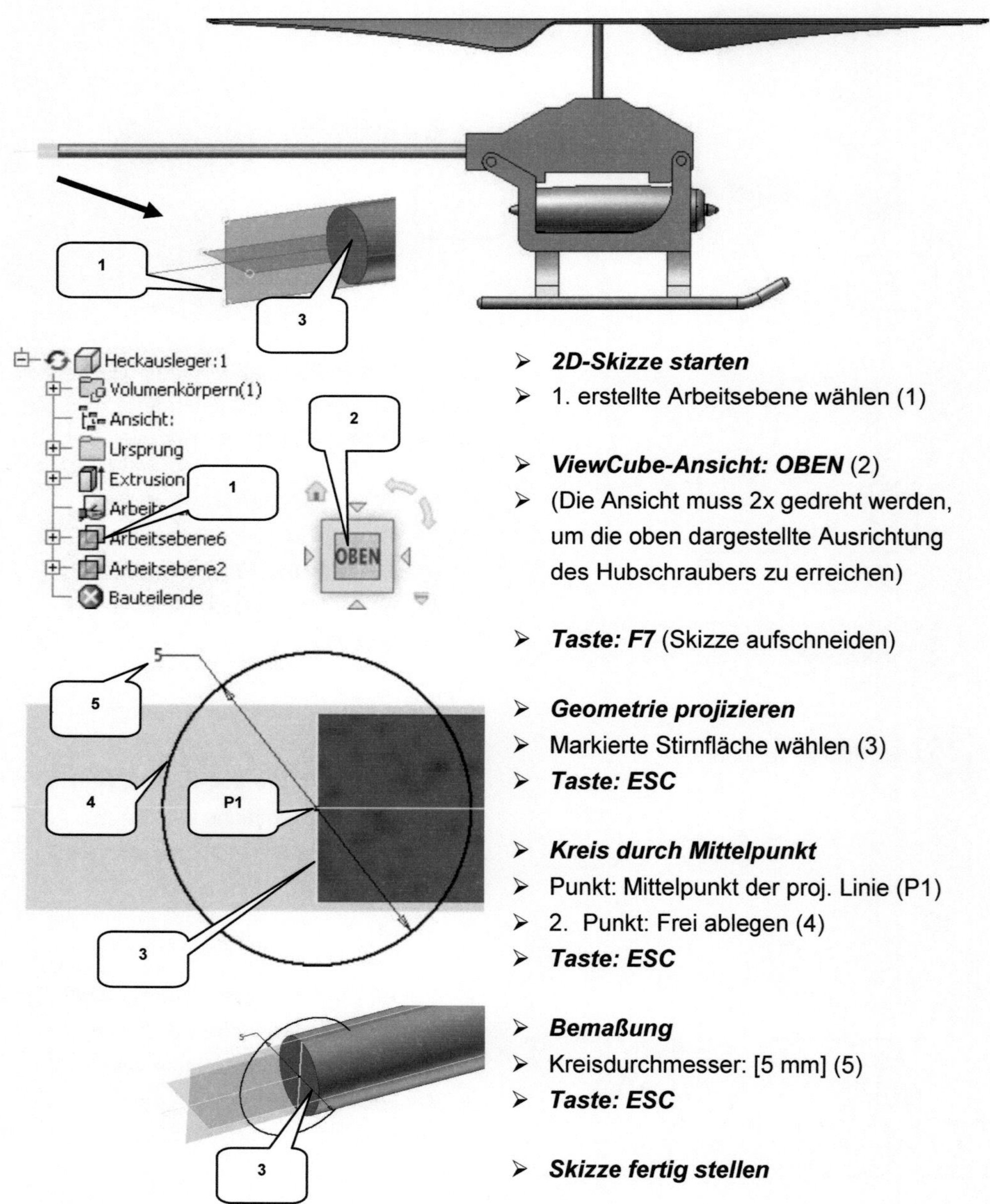

> **2D-Skizze starten**
> 1. erstellte Arbeitsebene wählen (1)

> **ViewCube-Ansicht: OBEN** (2)
> (Die Ansicht muss 2x gedreht werden, um die oben dargestellte Ausrichtung des Hubschraubers zu erreichen)

> **Taste: F7** (Skizze aufschneiden)

> **Geometrie projizieren**
> Markierte Stirnfläche wählen (3)
> **Taste: ESC**

> **Kreis durch Mittelpunkt**
> Punkt: Mittelpunkt der proj. Linie (P1)
> 2. Punkt: Frei ablegen (4)
> **Taste: ESC**

> **Bemaßung**
> Kreisdurchmesser: [5 mm] (5)
> **Taste: ESC**

> **Skizze fertig stellen**

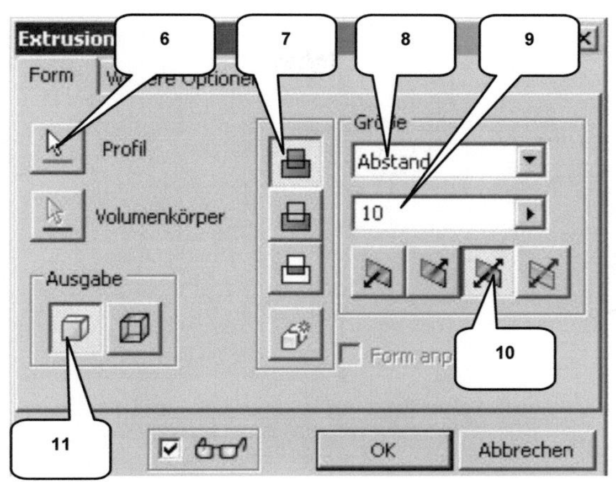

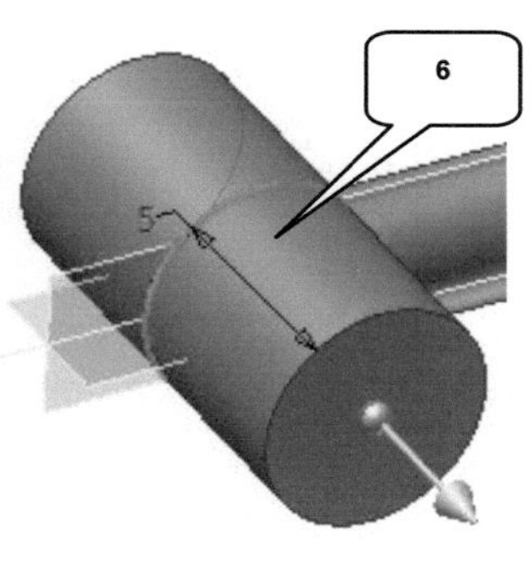

- ➤ **Extrusion**
- ➤ Profil: Kreis (6)
- ➤ Verfahren: Vereinigung (7)
- ➤ Größe: Abstand (8)

- ➤ Abstand: [10 mm] (9)
- ➤ Richtung: Symmetrisch (10)
- ➤ Ausgabe: Volumenkörper (11)
- ➤ **OK**

12.12 Bohren mit konzentrischer Referenz

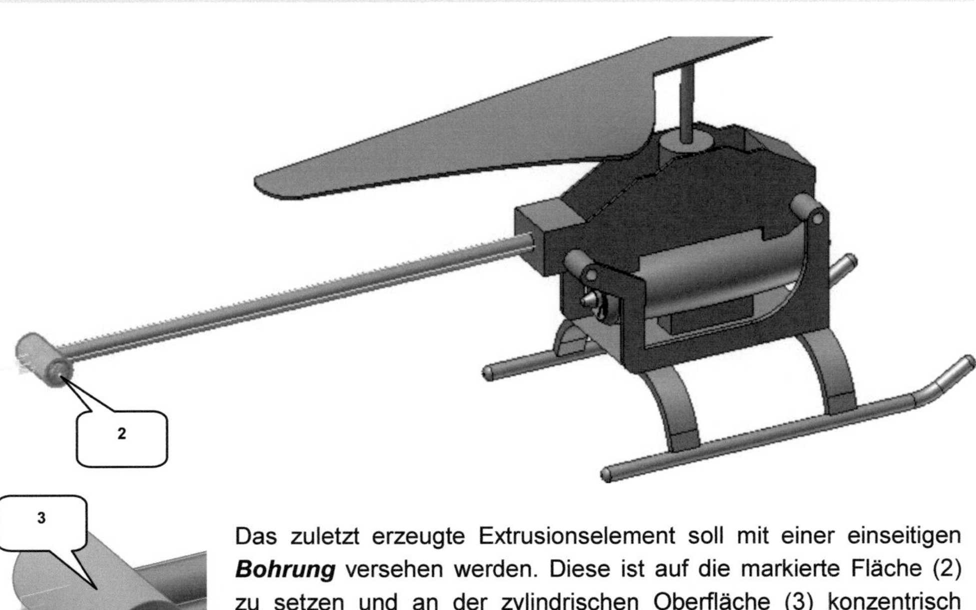

Das zuletzt erzeugte Extrusionselement soll mit einer einseitigen **Bohrung** versehen werden. Diese ist auf die markierte Fläche (2) zu setzen und an der zylindrischen Oberfläche (3) konzentrisch auszurichten.

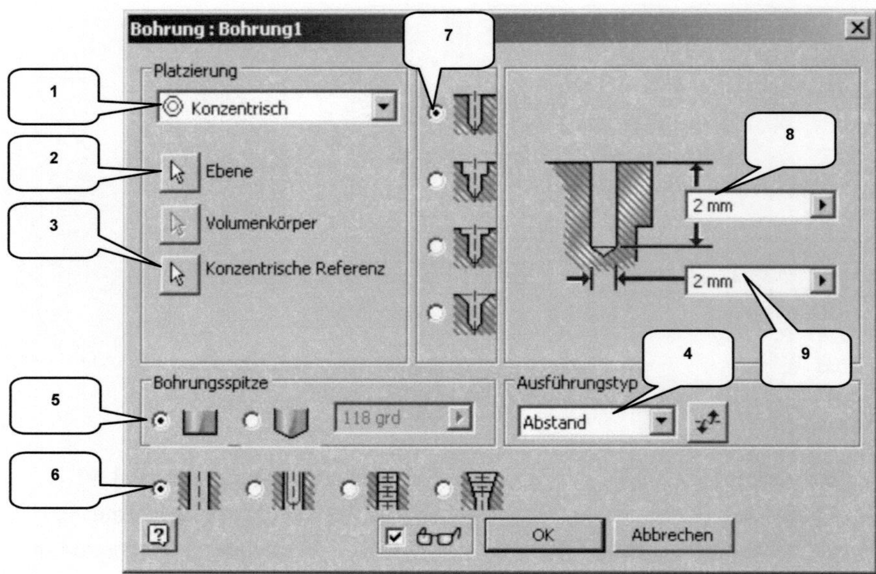

> *Bohrung*
> Platzierungstyp: Konzentrisch (1)
> Ebene: Markierte Fläche wählen (2)
> Konzentrische Referenz: Zylinder-
fläche (3)
> Ausführungstyp: Abstand (4)

> Bohrungsspitze: Flach (5)
> Option: Einfache Bohrung (6)
> Option: Bohrung (7)
> Bohrungstiefe: [2 mm] (8)
> Bohrungsdurchmesser: [2 mm] (9)
> *OK*

12.13 Zeichnen und Extrudieren einer senkrechten Geometrie

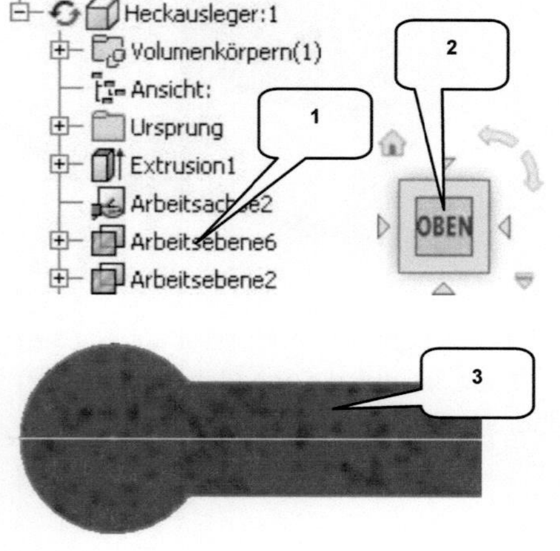

> *2D-Skizze starten*
> 1. erstellte Arbeitsebene wählen (1)
> *Taste: F7* (Skizze aufschneiden)

> *ViewCube-Ansicht: OBEN* (2)
> (Die Ansicht muss 2x gedreht werden,
um die vorherige Ausrichtung des Hubschraubers zu erreichen)

> *Schnittkanten projizieren*
> Vorhandenen Volumenkörper wählen (3)
> *Taste: ESC*

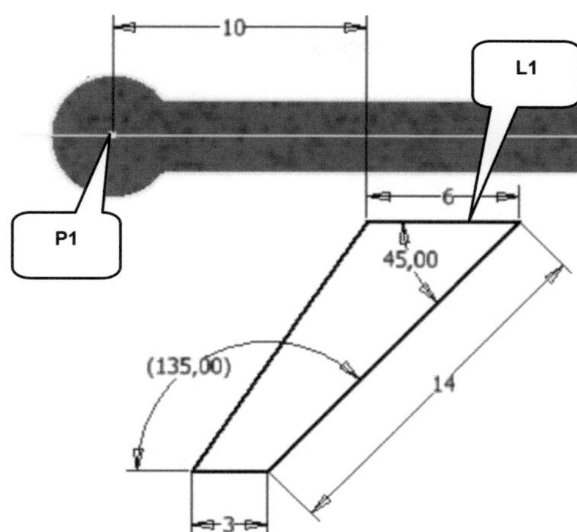

> ➤ *Linie*
> ➤ Linienkontur aus 4 Linien zeichnen wie dargestellt
> ➤ *Taste: ESC*

> ➤ *Bemaßung*
> ➤ Bemaßen wie dargestellt
> ➤ *Taste: ESC*

> ➤ *Abhängigkeit Koinzident*
> ➤ Linie (L1) wählen
> ➤ Punkt (P1) wählen
> ➤ *Taste: ESC*

> ➤ *Skizze fertig stellen*

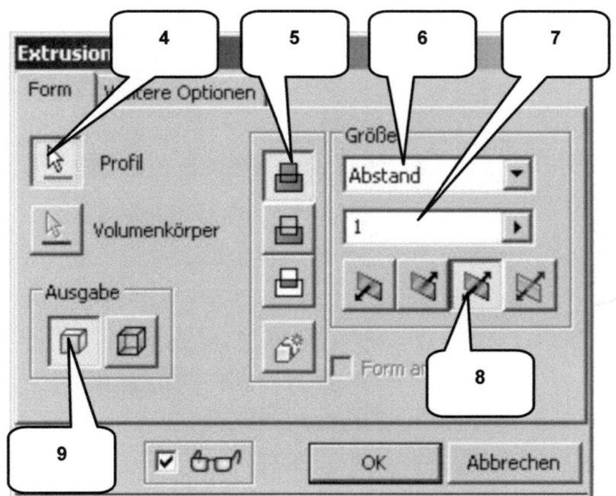

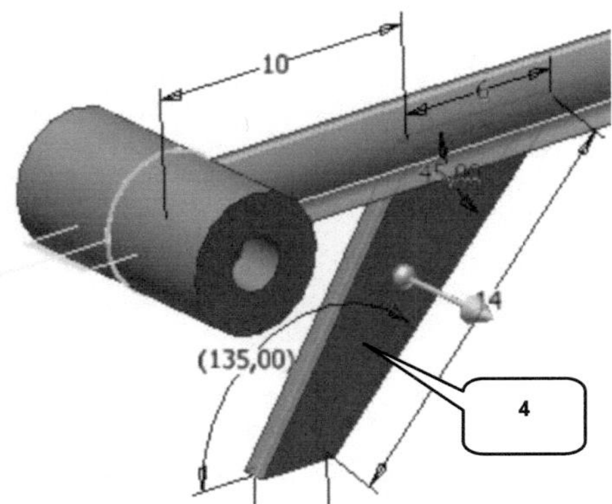

> ➤ *Extrusion*
> ➤ Profil: Skizzenkontur (4)
> ➤ Verfahren: Vereinigung (5)
> ➤ Größe: Abstand (6)

> ➤ Abstand: [1 mm] (7)
> ➤ Richtung: Symmetrisch (8)
> ➤ Ausgabe: Volumenkörper (9)
> ➤ *OK*

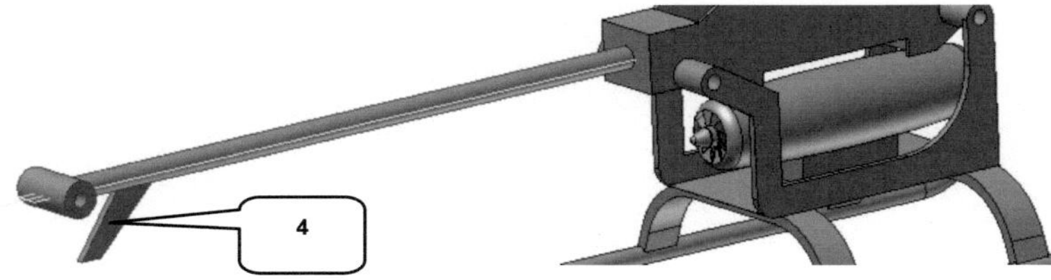

12.14 Zeichnen und Extrudieren einer waagrechten Geometrie

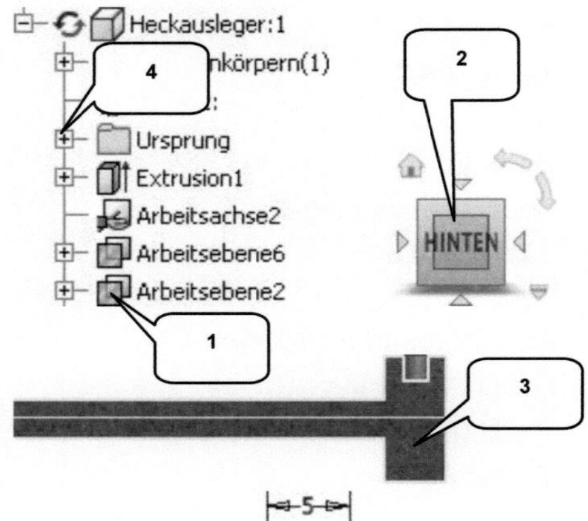

➢ **2D-Skizze starten**

➢ 2. erstellte Arbeitsebene wählen (1)

➢ **ViewCube-Ansicht: HINTEN** (2)

➢ **Taste: F7** (Skizze aufschneiden)

➢ **Schnittkanten projizieren**

➢ Vorhandenen Volumenkörper wählen (3)

➢ **Taste: ESC**

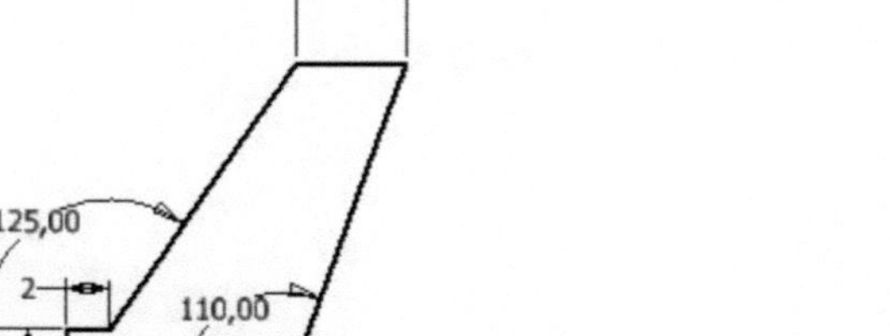

➢ **Geometrie projizieren**

➢ Ordner Urspr. aufklappen (4)

➢ 3 Hauptachsen wählen

➢ **Taste: ESC**

➢ **Linie**

➢ Linienkontur aus 6 Linien zeichnen wie dargestellt

➢ **Taste: ESC**

➢ **Bemaßung**

➢ Bemaßen wie dargestellt

➢ **Taste: ESC**

➢ **Abhängigkeit Kollinear**

➢ Linie (L1) wählen

➢ Projizierte X-Achse wählen

➢ **Taste: ESC**

➢ **Spiegeln**

➢ Auswahl: Nacheinander alle 6 Linien wählen (4)

➢ Spiegelachse: X-Achse

➢ **ANWENDEN**

➢ **FERTIG**

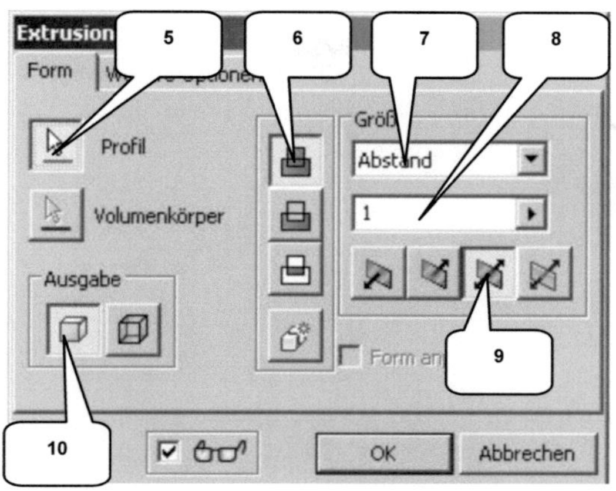

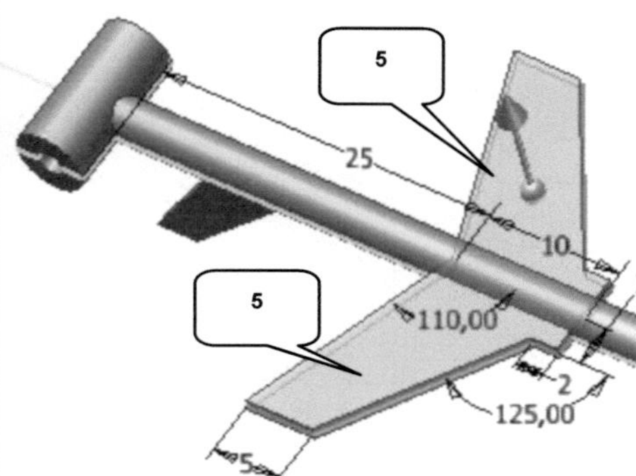

> *Skizze fertig stellen*

> *Extrusion*
> Profil: Beide Konturen wählen (5)
> Verfahren: Vereinigung (6)

> Größe: Abstand (7)
> Abstand: [1 mm] (8)
> Richtung: Symmetrisch (9)
> Ausgabe: Volumenkörper (10)
> *OK*

12.15 Zeichnen und Extrudieren der Anschlussgeometrie

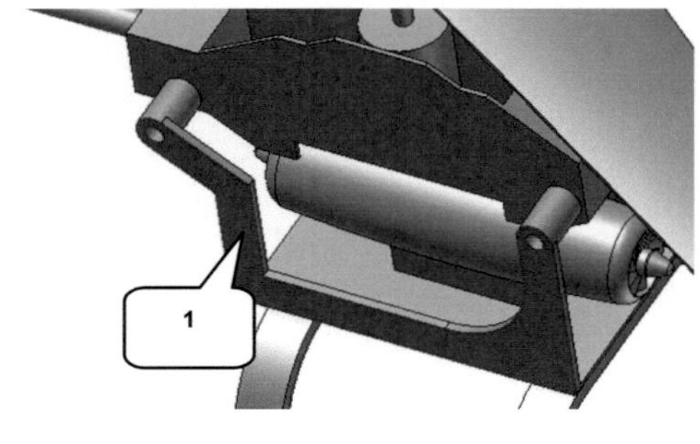

Im nächsten Arbeitsschritt soll auf der äußeren Fläche des Bauteils *Rumpf-Unterteil* eine neue 2D-Skizze erzeugt werden. Das Programm wird eine hierfür benötigte zusätzliche Arbeitsebene automatisch erstellen.

> *2D-Skizze starten*
> Markierte Fläche wählen (1)

> *ViewCube-Ansicht: OBEN* (2)

> *Schnittkanten projizieren*
> Markierte Fläche wählen (1)
> *Taste: ESC*

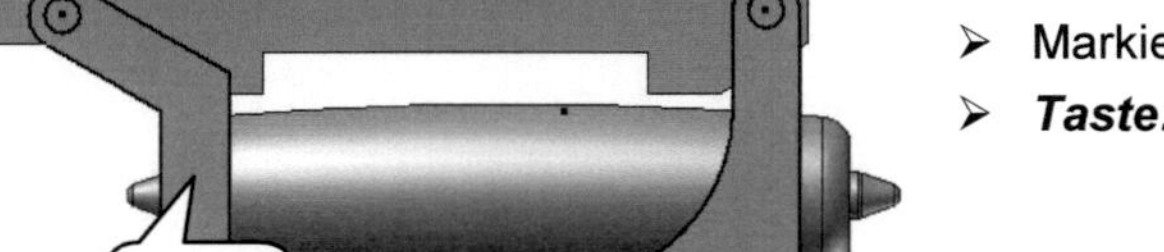

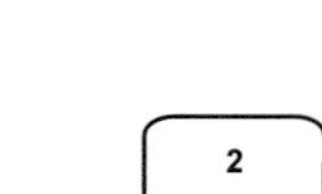

In der linken unteren Ecke der projizierten Kontur sollen jetzt ein *Kreis* und ein *Rechteck* gezeichnet werden. Der Kreismittelpunkt ist auf den Mittelpunkt des projizierten Bogens zu setzen. Das Rechteck wird vorerst außerhalb des Kreises gezeichnet und anschließend mit einer Abhängigkeit versehen. Anschließend wird der Kreis gestutzt.

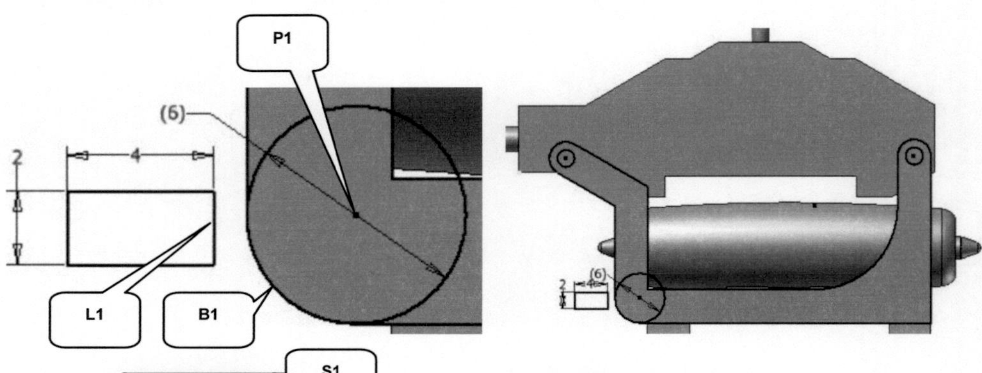

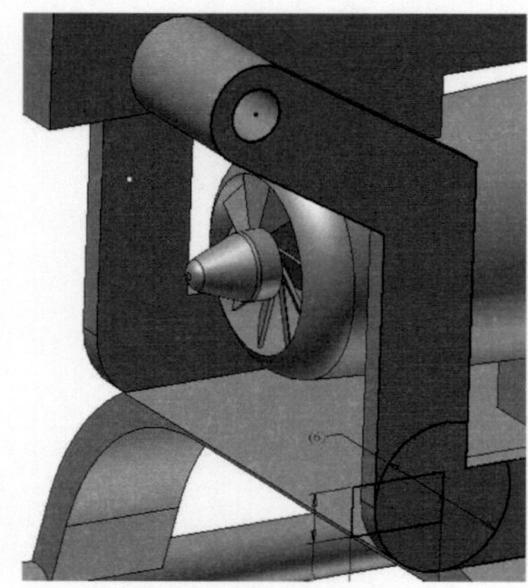

> *Kreis durch Mittelpunkt*
> 1. Punkt: Projizierter Bogenmittelpunkt (P1)
> 2. Punkt: Projizierter Bogen (B1)
> *Taste: ESC*

> *Rechteck durch zwei Punkte*
> Rechteck zeichnen wie dargestellt
> *Taste: ESC*

> *Bemaßung*
> Rechteck bemaßen wie dargestellt
> *Taste: ESC*

> *Abhängigkeit Koinzident*
> Linienmittelpunkt (L1) wählen
> Bogenmittelpunkt (P1) wählen
> *Taste: ESC*

> *Stutzen*
> Bogensegment (S1) wählen (entfernen)
> *Taste: ESC*

> *Skizze fertig stellen*

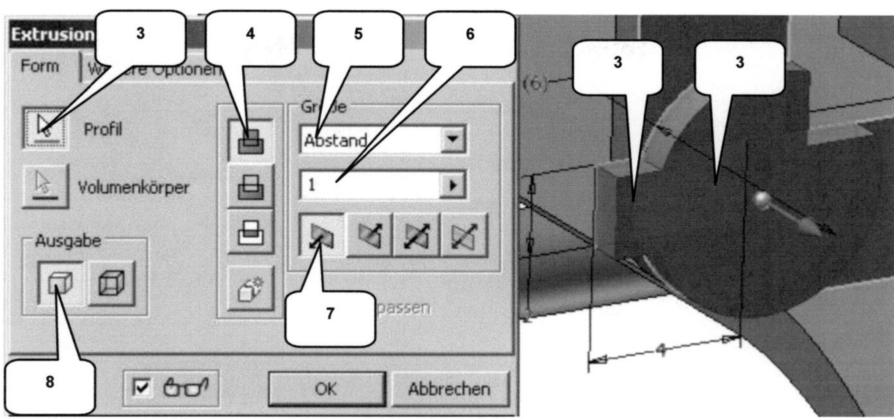

> *Extrusion*
> Profil: Kreis und Rechteck wählen (3)
> Verfahren: Vereinigung (4)
> Größe: Abstand (5)

> Abstand: [1 mm] (6)
> Richtung: Richtung 1 (7)
> Ausgabe: Volumenkörper (8)
> *OK*

Bei der Richtung der Extrusion ist darauf zu achten, dass diese vom vorhandenen Bauteil weg zeigt. Sollte dies nicht der Fall sein, muss Richtung 2 verwendet werden. **!**

12.16 Erzeugen einer Erhebung

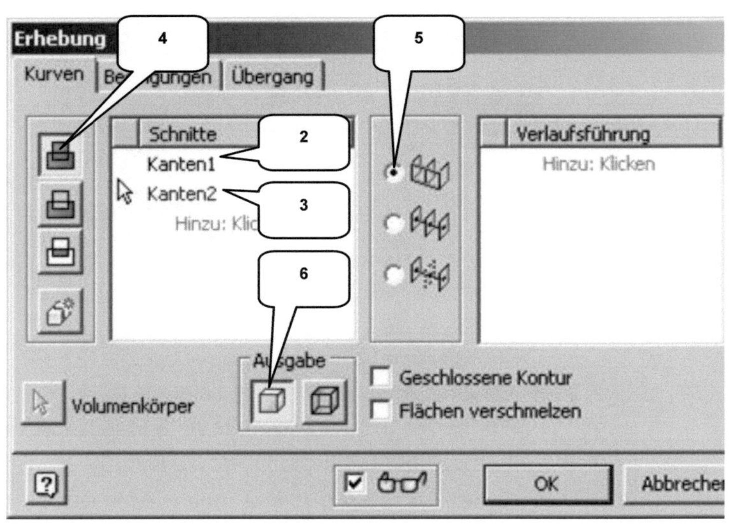

Eine *Erhebung* (1) wird im folgenden Schritt ein Verbindungselement erzeugen. Zusätzliche Skizzen sind hierfür nicht erforderlich, da bereits vorhandene Flächen verwendet werden können.

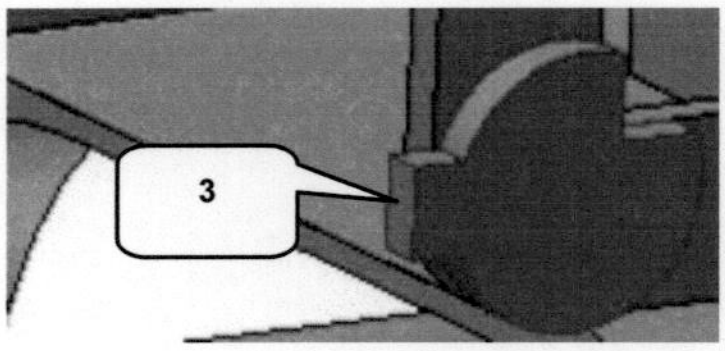

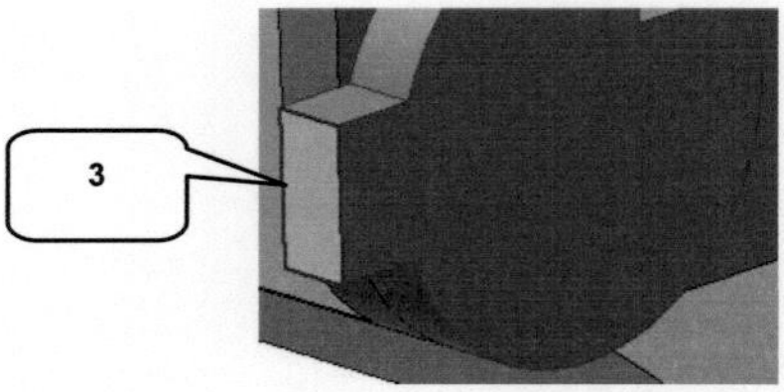

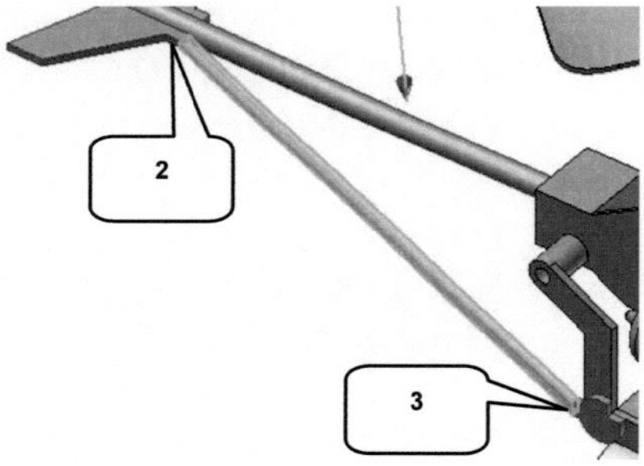

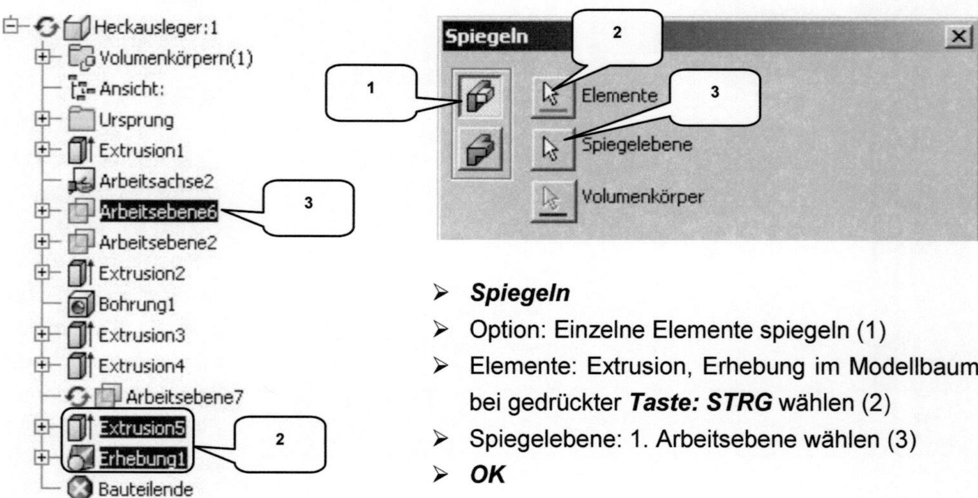

- > *Erhebung* (1)
- > Kante der markierten Fläche wählen (2)
- > Kante der markierten Fläche wählen (3)
- > Verfahren: Vereinigung (4)
- > Typ: Verlaufsführung (5)
- > Ausgabe: Volumenkörper (6)
- > *OK*

12.17 Spiegeln der letzten beiden geometrischen Elemente

- > *Spiegeln*
- > Option: Einzelne Elemente spiegeln (1)
- > Elemente: Extrusion, Erhebung im Modellbaum bei gedrückter *Taste: STRG* wählen (2)
- > Spiegelebene: 1. Arbeitsebene wählen (3)
- > *OK*

12.18 Runden der Kanten

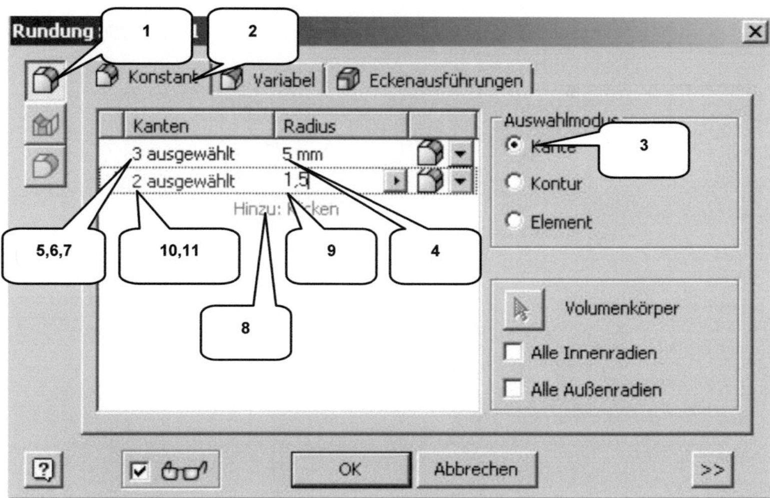

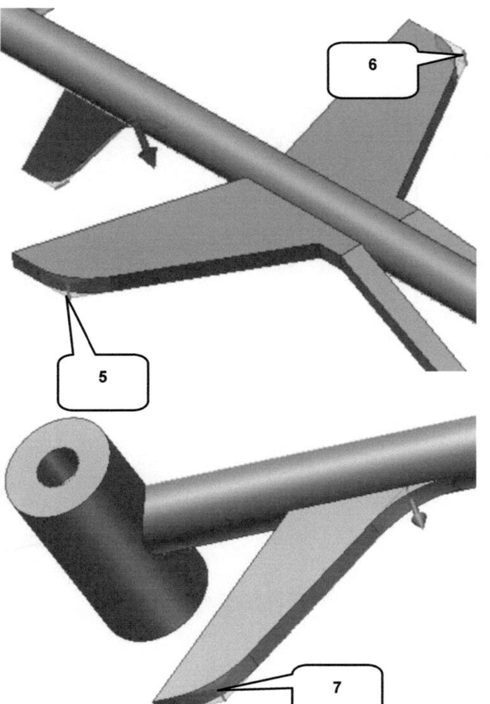

> ***Rundung***
> ➢ Option: Kantenabrundung (1)
> ➢ Reiter: Konstant (2)
> ➢ Auswahlmodus: Kante (3)
> ➢ Radius: [5 mm] (4)
> ➢ Kanten: Kanten (5,6,7) wählen
> ➢ ***HINZU: KLICKEN*** (8)
> ➢ Radius: [1,5 mm] (9)
> ➢ Kanten: Kanten (10,11) wählen
> ➢ ***OK***

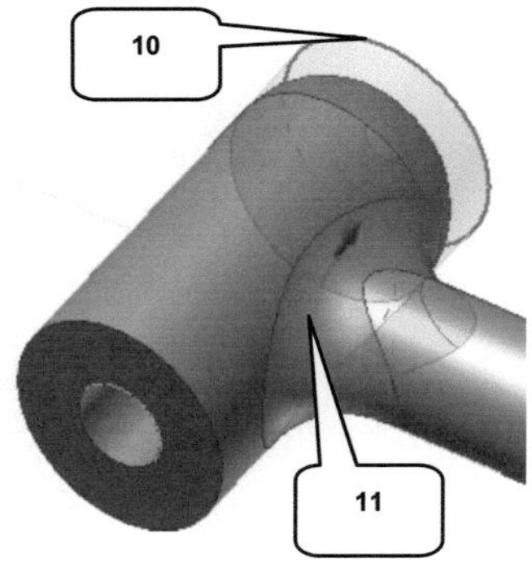

12.19 Arbeitselemente ausblenden und zur Baugruppe zurückkehren

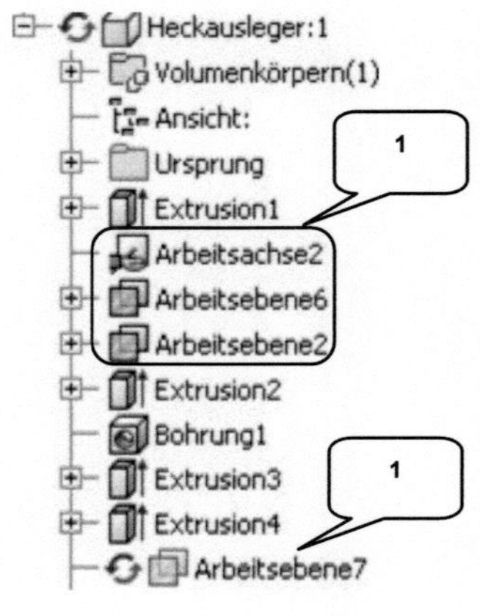

Mit dem letzten Befehl wurde das Bauteil fertiggestellt. Nachdem alle noch sichtbaren Arbeitselemente (Achse, Ebenen) ausgeblendet wurden, kann mit dem Befehl *Zurück* (1) in die Hauptbaugruppe zurückgekehrt werden.

Nacheinander bei gedrückter *Taste: STRG* mit der linken Maustaste die Arbeitsachse und die drei Arbeitsebenen im Modellbaum markieren (1).

> Sichtbare Arbeitsebenen und -achsen markieren
> *Rechte Maustaste*
> Deaktivieren: Sichtbarkeit

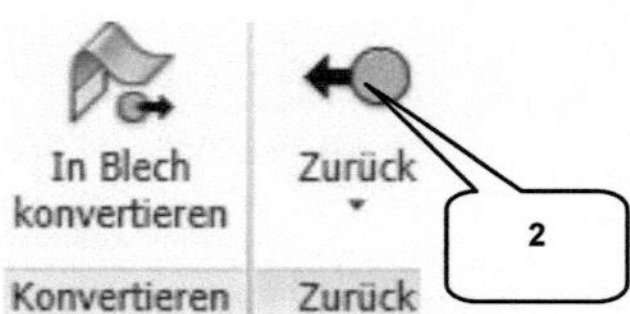

> *Zurück* (2)
> *Speichern*
> *Ja, für Alle*
> *OK*

*Der Befehl **Zurück** (2) wechselt von der Bearbeitung eines Bauteils in die darüberliegende Baugruppe zurück. Der Befehl sollte nicht mit dem Befehl **Rückgängig** aus der Schnellstartleiste verwechselt werden, welcher den letzten Arbeitsschritt rückgängig macht.* **!**

12.20 Bauteil: Heckrotor mit Abhängigkeiten versehen

Das Bauteil *Heckrotor* ist jetzt im hinteren Bereich des Heckauslegers zu platzieren.

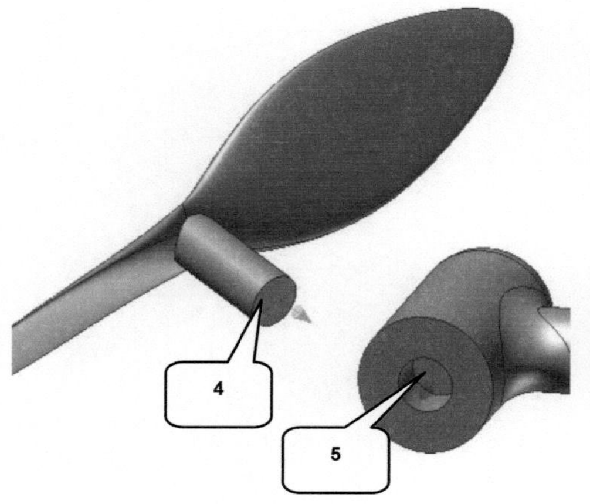

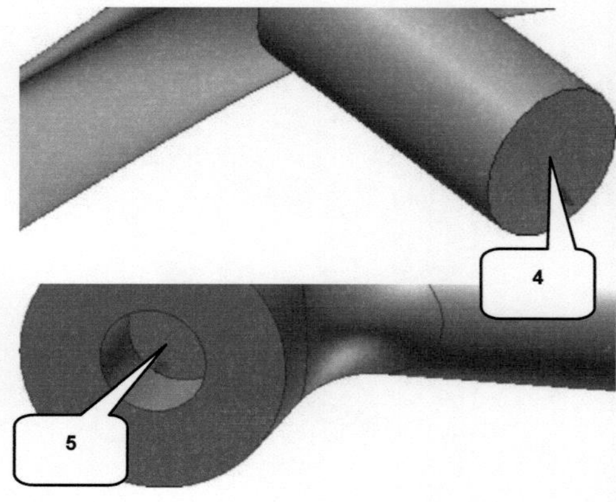

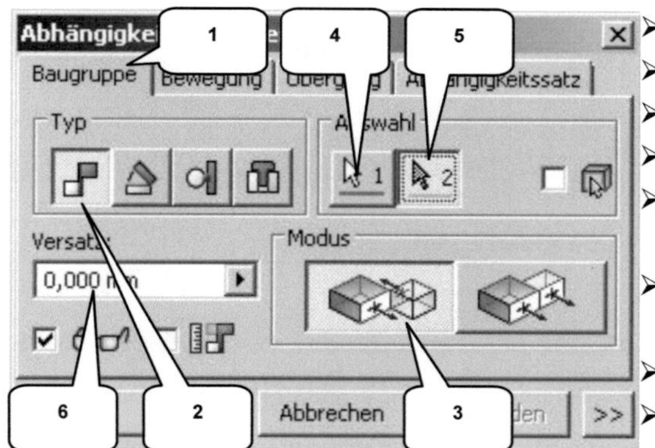

> ***Abhängig machen***
> - Reiter: Baugruppe (1)
> - Typ: Passend (2)
> - Modus: Passend (3)
> - Auswahl 1: Markierte Fläche (Heckrotor) (4)
> - Auswahl 2: Markierte Fläche der Bohrung (Heckausleger) (5)
> - Versatz: [0 mm] (6)
> - ***OK***

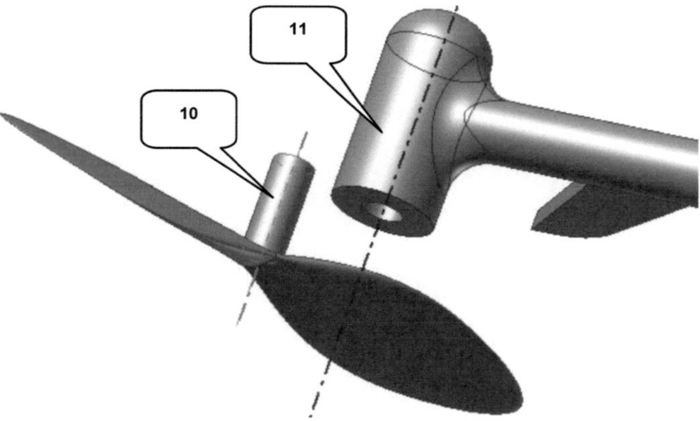

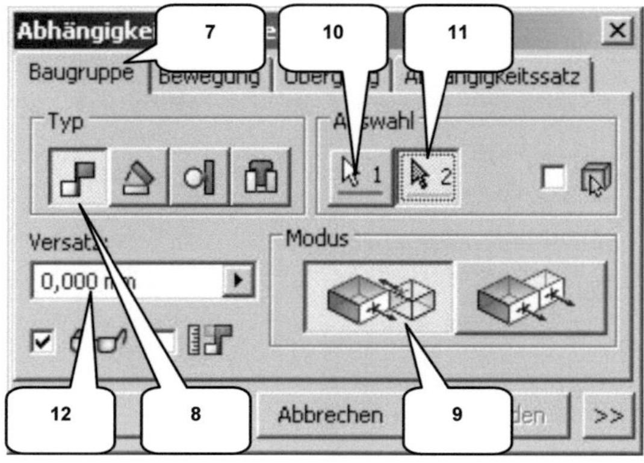

> ***Abhängig machen***
> - Reiter: Baugruppe (7)
> - Typ: Passend (8)
> - Modus: Passend (9)
> - Auswahl 1: Markierte Zylinderfläche (Heckrotor) (10)
> - Auswahl 2: Markierte Zylinderfläche (Heckausleger) (11)
> - Versatz: [0 mm] (12)
> - ***OK***

12.21 Download des Bauteils: Kabine

Als letztes Bauteil soll die Kabine in die Baugruppe eingefügt werden. Die Kabine wurde bereits konstruiert und kann als fertige Datei von der folgenden Webseite heruntergeladen werden:

> *http://www.cad-trainings.de/html/Download.html*

Hier ist das *Tutorial Hubschrauber 2015* zu suchen und auf den rechts daneben befindlichen Link zu klicken. Die Datei *Kabine.ipt* muss dann im Projektordner auf Ihrem PC gespeichert werden.

12.22 Platzieren und Positionieren der Kabine

Das zuvor von der Website heruntergeladene Bauteil soll jetzt in die Baugruppe eingefügt und dort positioniert werden.

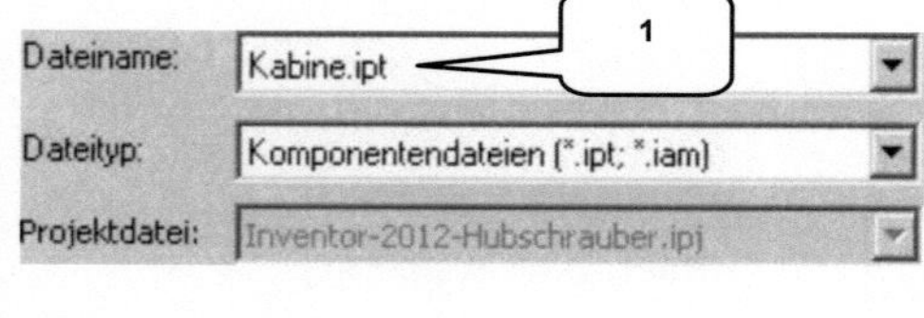

> *Komponente platzieren*
> Dateiname: *Kabine.ipt* wählen (1)
> *ÖFFNEN*

> Bauteil einmal im Zeichenbereich ablegen
> *Taste: ESC*

> Ordner *Ursprung* des Bauteils Kabine aufklappen (2)

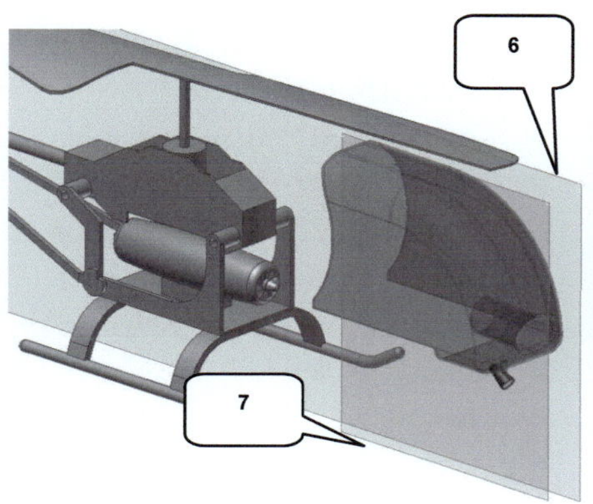

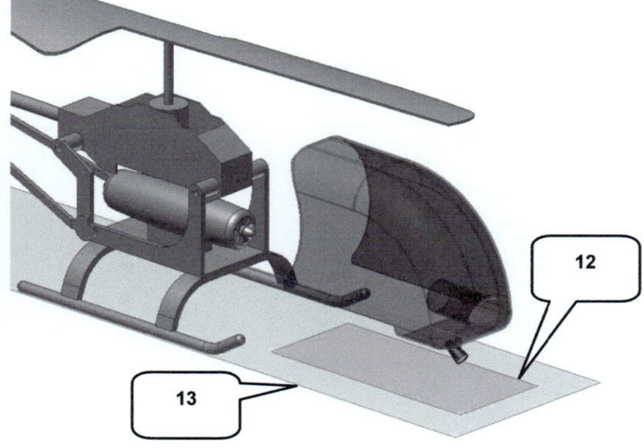

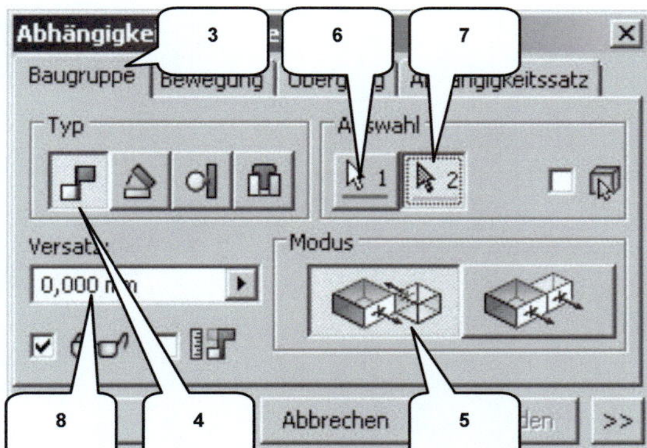

- ➢ **Abhängig machen**
- ➢ Reiter: Baugruppe (3)
- ➢ Typ: Passend (4)
- ➢ Modus: Passend (5)
- ➢ Auswahl 1: XY-Ebene (Baugruppe) (6)
- ➢ Auswahl 2: XY-Ebene (Kabine) (7)
- ➢ Versatz: [0 mm] (8)
- ➢ *OK*

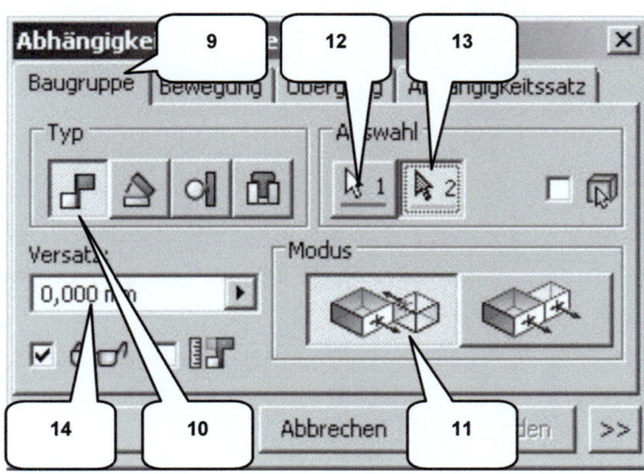

- ➢ **Abhängig machen**
- ➢ Reiter: Baugruppe (9)
- ➢ Typ: Passend (10)
- ➢ Modus: Passend (11)
- ➢ Auswahl 1: XZ-Ebene (Baugruppe) (12)
- ➢ Auswahl 2: XZ-Ebene (Kabine) (13)
- ➢ Versatz: [0 mm] (14)
- ➢ *OK*

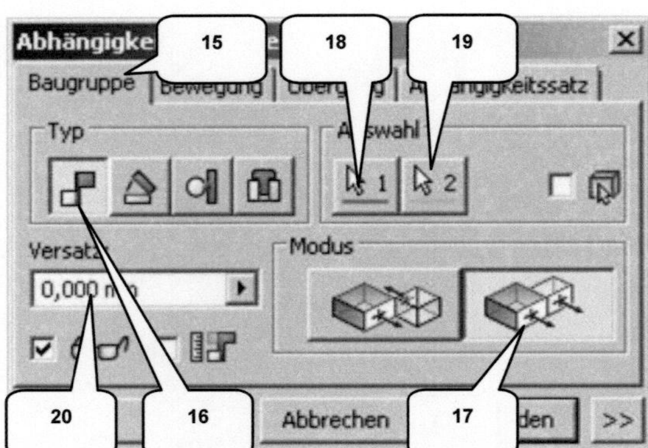

> ***Abhängig machen***
> ➤ Reiter: Baugruppe (15)
> ➤ Typ: Passend (16)
> ➤ Modus: Fluchtend (17)
> ➤ Auswahl 1: YZ-Ebene (Baugruppe) (18)
> ➤ Auswahl 2: YZ-Ebene (Kabine) (19)
> ➤ Versatz: [0 mm] (20)
> ➤ ***OK***

Die Kabine sollte wie im oberen Bild dargestellt positioniert worden sein. Alle Bauteile der Baugruppe sind jetzt vollständig. Im folgenden Kapitel werden diese durch Schraubverbindung miteinander verbunden.

13 Einfügen der Schraubverbindungen

13.1 Schraubverbindung zwischen Kabine und Rumpf

Vor dem nächsten Schritt sollte die Baugruppe noch einmal gespeichert werden. Anschließend ist in das Register **Konstruktion** (1) zu wechseln und dort der Befehl **Schraubverbindung** (2) zu starten. Dieser Befehl kombiniert das Importieren von Normteilen (Schrauben, Scheiben, Muttern) aus dem Inhaltscenter in eine Baugruppe mit der zusätzlichen Bearbeitung der betroffenen Bauteile durch automatisches Setzen von Durchgangs- und Gewindebohrungen.

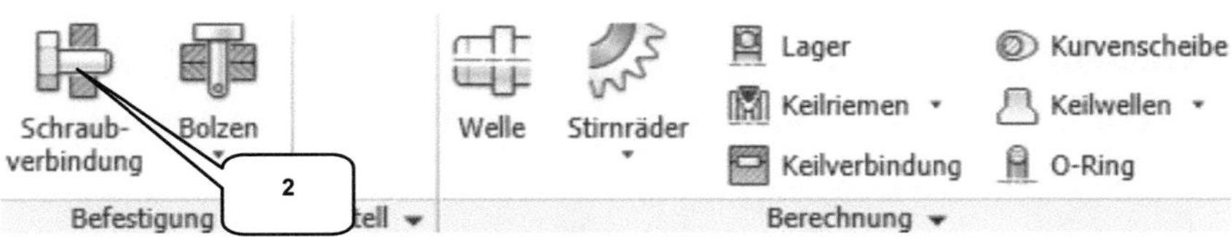

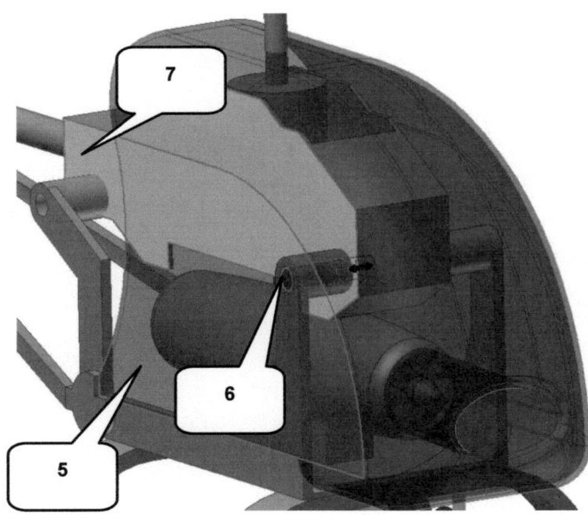

> **Speichern**

> Register: **Konstruktion** (1)

> **Schraubverbindung** (2)
> Typ: Nicht durchgehend (3)
> Platzierung: Konzentrisch (4)
> Startebene: Markierte Seitenfläche (Kabine) (5)
> Runde Referenz: Markierte Bohrung (Rumpf-Unterteil) (6)
> Sackloch-Startebene: Markierte Seitenfläche (Rumpf-Oberteil) (7)
> Gewinde: ISO Metrisches Profil (8)
> Durchmesser: [2 mm] (9)

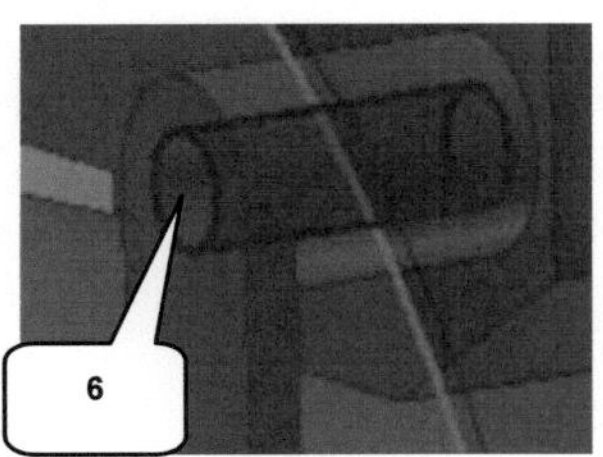

Der Befehl darf jetzt noch _nicht_ bestätigt werden, da noch eine Schraube hinzugefügt werden muss. **!**

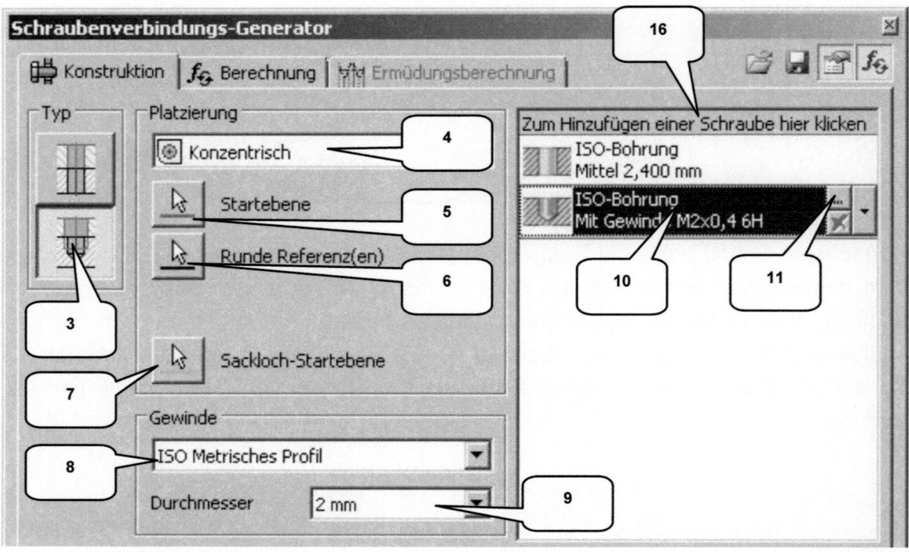

Das Programm hat die fehlenden Bohrungen in den betreffenden Bauteilen bereits berechnet. Die Tiefe der Gewindebohrung im Bauteil Rumpf-Oberteil muss allerdings noch bearbeitet werden. Dies wird im rechten Bereich des Schraubenverbindungs-Generators realisiert. Hier ist einmalig auf die untere Gewindebohrung (10) zu klicken, um anschließend die Bearbeitung (11) öffnen zu können.

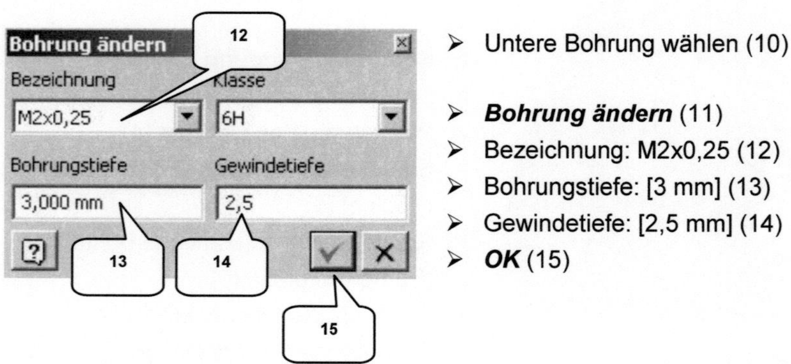

> Untere Bohrung wählen (10)

> **Bohrung ändern** (11)
> Bezeichnung: M2x0,25 (12)
> Bohrungstiefe: [3 mm] (13)
> Gewindetiefe: [2,5 mm] (14)
> **OK** (15)

Nachdem Größe, Tiefe und Position der Bohrung festgelegt wurden, kann mit der Auswahl der Schraube begonnen werden. Hierfür muss im Schraubenverbindungs-Generator die Option **Zum Hinzufügen einer Schraube hier klicken** (16) aktiviert werden.

*Oft bringt der erste Versuch, die Option **Zum Hinzufügen einer Schraube hier klicken** zu aktivieren keinen Erfolg. Dann muss einfach erneut darauf geklickt werden.*

- ➢ ***Zum Hinzufügen einer Schraube hier klicken*** (16)
- ➢ Norm: DIN (17)
- ➢ Kategorie: Rundkopfschrauben (18)
- ➢ ***DIN EN ISO 7045 H*** wählen (19)

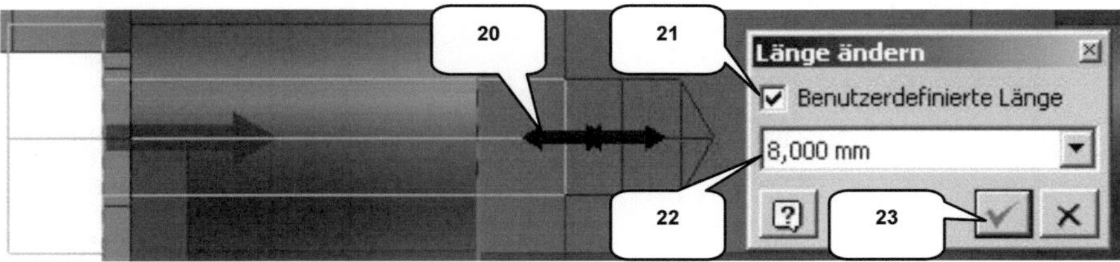

- ➢ Doppelklick auf den Doppelpfeil der Schraube (20)
- ➢ Aktivieren: Benutzerdefinierte Länge (21)
- ➢ Länge: [8 mm] (22)
- ➢ ***OK*** (23)
- ➢ ***OK*** (Schraubenverbindungs-Generator) (24)
- ➢ ***OK*** (Dateibenennung)

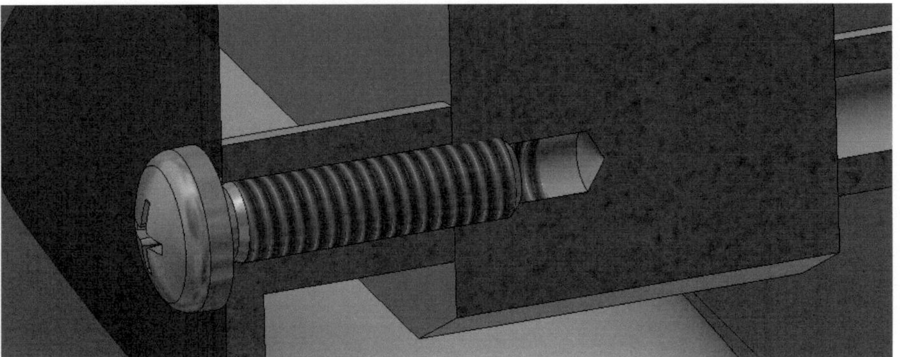

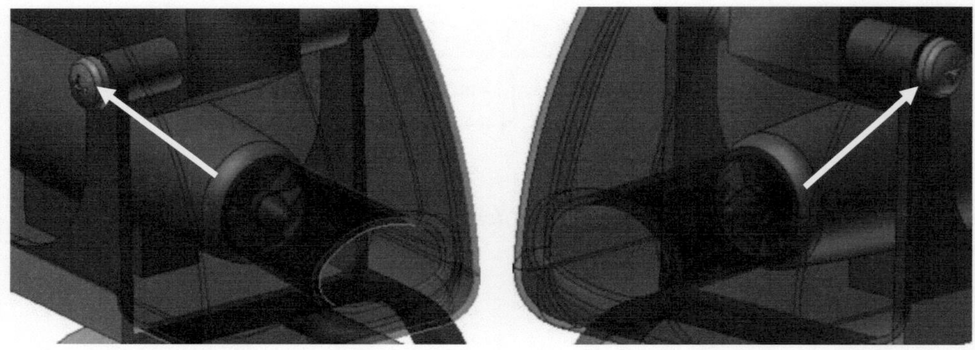

Eine identische *Schraubverbindung* jetzt auch auf der gegenüberliegenden Seite des Hubschraubers einfügen.

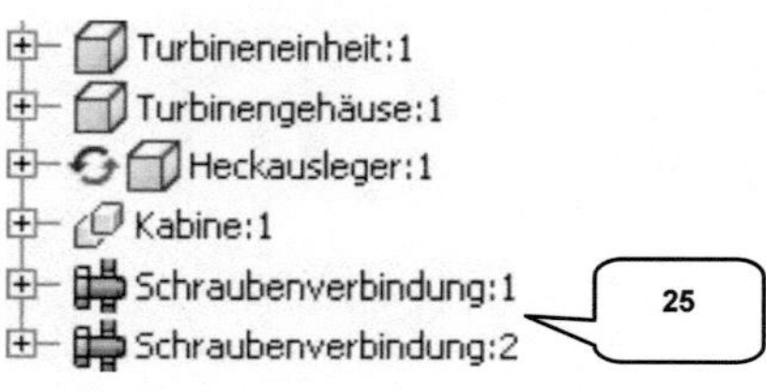

Im Modellbaum wurden zwei Schraubverbindungen erzeugt (25). Um eine Schraubverbindung zu bearbeiten, ist im Modellbaum mit der rechten Maustaste darauf zu klicken und die Option *Mit Konstruktions-Assistent bearbeiten* (26) zu wählen.

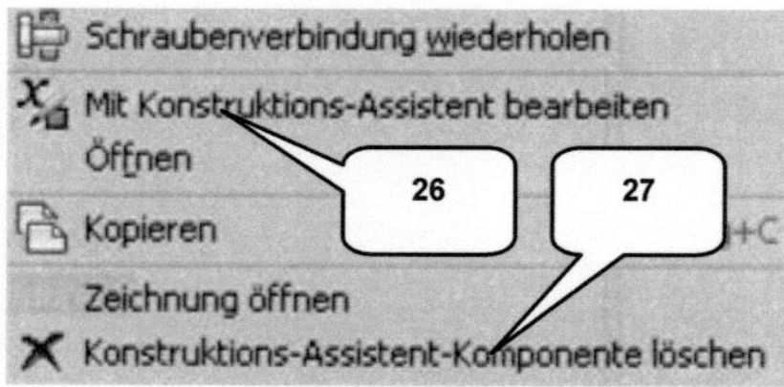

Um eine Schraubverbindung aus einer Baugruppe zu löschen, ist im Modellbaum mit der rechten Maustaste darauf zu klicken und die Option *Konstruktions-Assistent-Komponente löschen* (27) zu wählen.

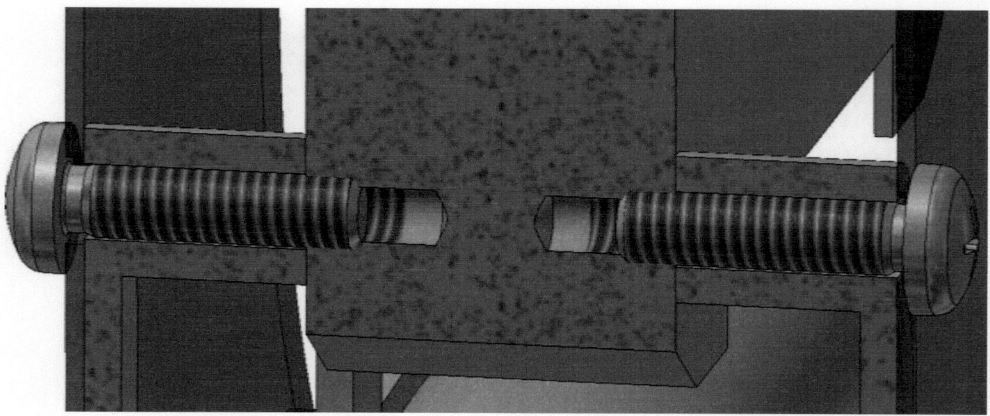

13.2 Schraubverbindung zwischen Rumpf-Oberteil und -Unterteil

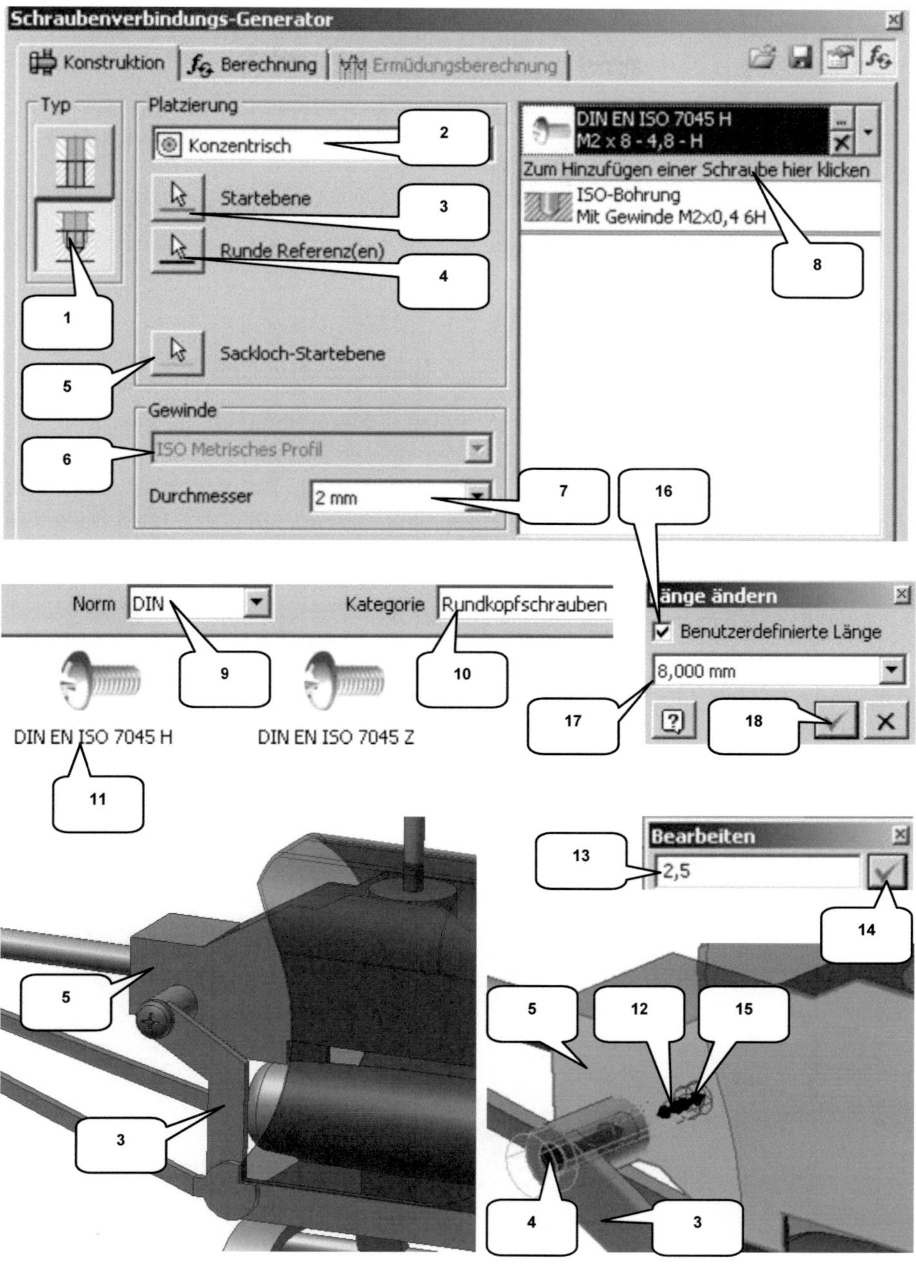

> ***Schraubverbindung***
> Typ: Nicht durchgehend (1)
> Platzierung: Konzentrisch (2)
> Startebene: Markierte Seitenfläche (Rumpf-Unterteil) (3)
> Runde Referenz: Markierte Bohrung (Rumpf-Unterteil) (4)
> Sackloch-Startebene: Markierte Seitenfläche (Rumpf-Oberteil) (5)
> Gewinde: ISO Metrisches Profil (6)
> Durchmesser: [2 mm] (7)

> ***Zum Hinzufügen einer Schraube hier klicken*** (8)
> Norm: DIN (9)
> Kategorie: Rundkopfschrauben (10)
> ***DIN EN ISO 7045 H*** wählen (11)

> Doppelklick auf Doppelpfeil der Gewindebohrung (12)
> Tiefe: [2,5 mm] (13)
> ***OK*** (14)

> Doppelklick auf Doppelpfeil der Schraube (15)
> Aktivieren: Benutzerdefinierte Länge (16)
> Länge: [8 mm] (17)
> ***OK*** (18)

> ***OK*** (Schraubenverbindungs-Generator)
> ***OK*** (Dateibenennung)

Eine identische Schraubverbindung jetzt auch auf der gegenüberliegenden Seite des Hubschraubers einfügen.

13.3 Schraubverbindung zw. Rumpf-Unterteil und Heckausleger

Die ***Schraubverbindung*** zwischen den Bauteilen ***Rumpf-Unterteil*** und ***Heckausleger*** wird etwas anders gestaltet. Beide Bauteile werden mit einer Durchgangsbohrung versehen und durch eine Schraubverbindung bestehend aus Schraube, Scheibe und Mutter miteinander verbunden. Bohrungstiefe und Schraubenlänge bestimmt das Programm hier selbst.

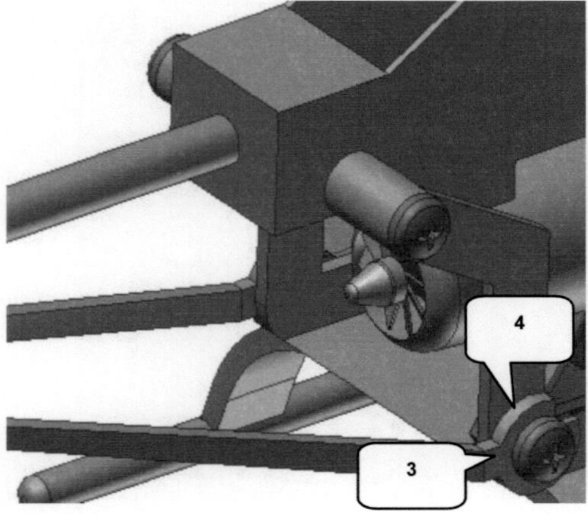

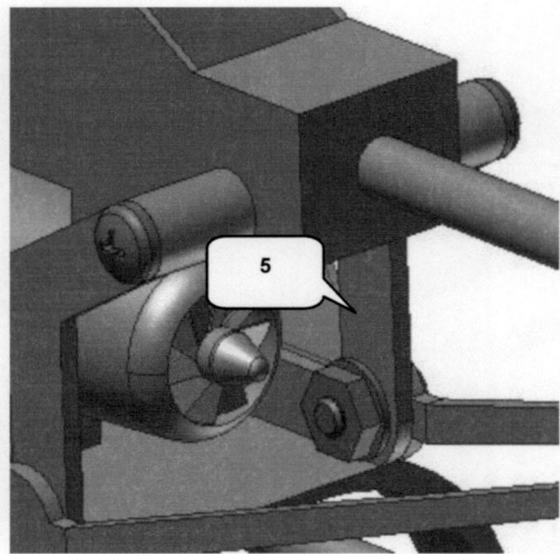

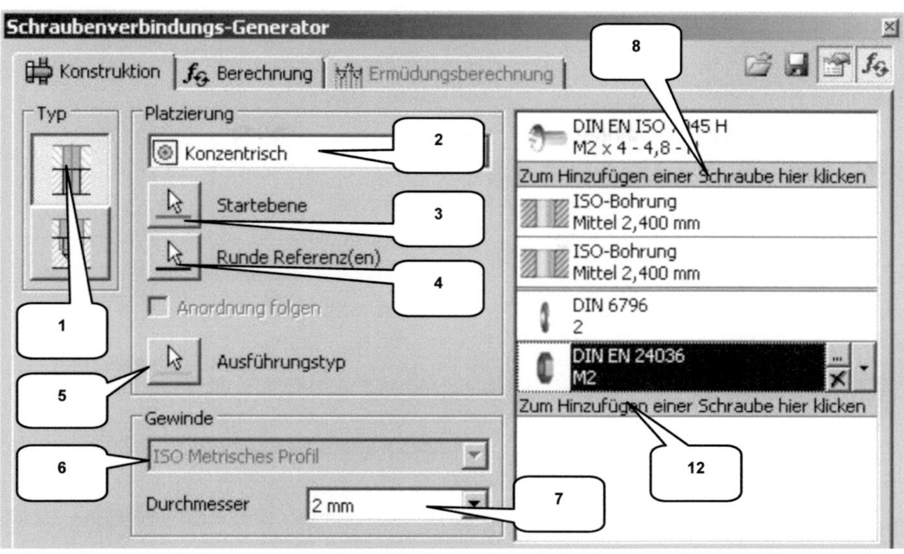

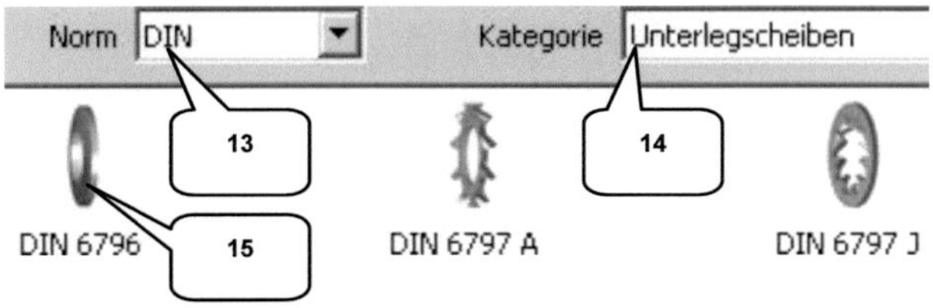

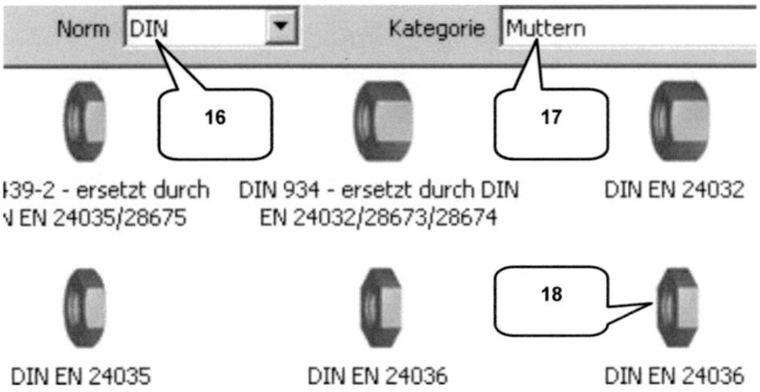

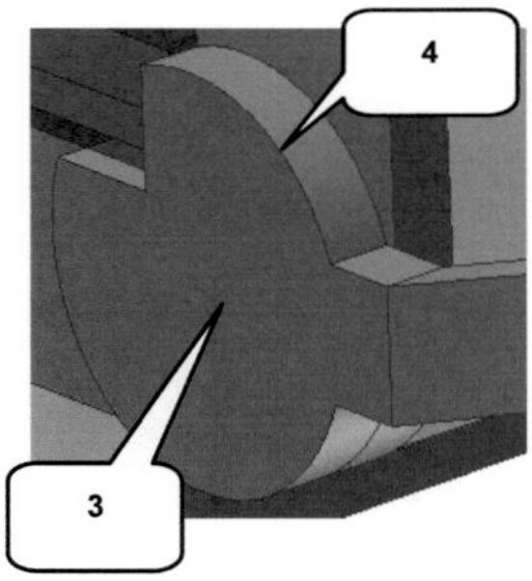

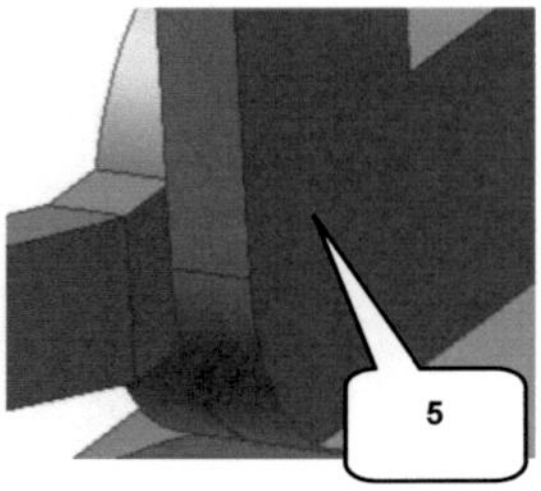

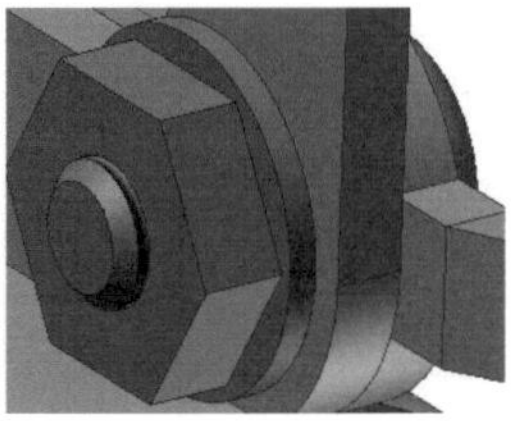

> ➤ *Schraubverbindung*
> ➤ Typ: Durchgehend (1)
> ➤ Platzierung: Konzentrisch (2)
> ➤ Startebene: Markierte Seitenfläche (Heckausleger) (3)
> ➤ Runde Referenz: Markierte Kante (Heckausleger) (4)
> ➤ Ausführungstyp: Markierte Innenfläche (Rumpf-Unterteil) (5)
> ➤ Gewinde: ISO Metrisches Profil (6)
> ➤ Durchmesser: [2 mm] (7)
>
> ➤ *Zum Hinzufügen einer Schraube hier klicken* (8)
> ➤ Norm: DIN (9)
> ➤ Kategorie: Rundkopfschrauben (10)
> ➤ *DIN EN ISO 7045 H* wählen (11)

> ➤ *Zum Hinzufügen einer Schraube hier klicken* (12) (*im Befehlsfenster unten!*)
> ➤ Norm: DIN (13)
> ➤ Kategorie: Unterlegscheiben (14)
> ➤ *DIN 6796* wählen (15)
>
> ➤ *Zum Hinzufügen einer Schraube hier klicken* (12) (*im Befehlsfenster unten!*)
> ➤ Norm: DIN (16)
> ➤ Kategorie: Muttern (17)
> ➤ *DIN EN 24036* wählen (18)
>
> ➤ *OK* (Schraubenverbindungs-Generator)

Eine identische Schraubverbindung jetzt auch auf der gegenüberliegenden Seite des Hubschraubers einfügen.

13.4 Schraubverbindung zwischen Landegestell und Rumpf

Die Bauteile *Landegestell* und *Rumpf-Unterteil* werden ebenfalls durch eine Schraubverbindung, bestehend aus Schraube, Scheibe und Mutter, miteinander verbunden. Die Platzierung muss hier allerdings linear erfolgen. Als lineare Referenzen sind zwei Körperkanten der beiden Bauteile zu verwenden.

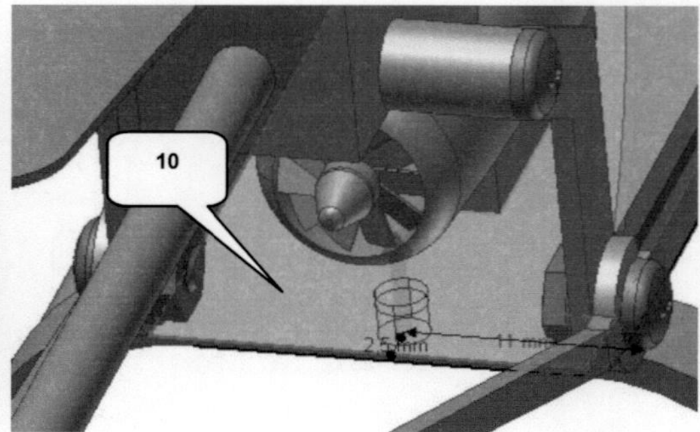

Sollten sich die Bearbeitungsfenster für die Abstände zu den beiden Referenzkanten (5,8) nach Auswahl der Referenzkanten (4,7) nicht automatisch öffnen, muss zuerst der Ausführungstyp gewählt und dann auf die Maßzahlen doppelgeklickt werden. !

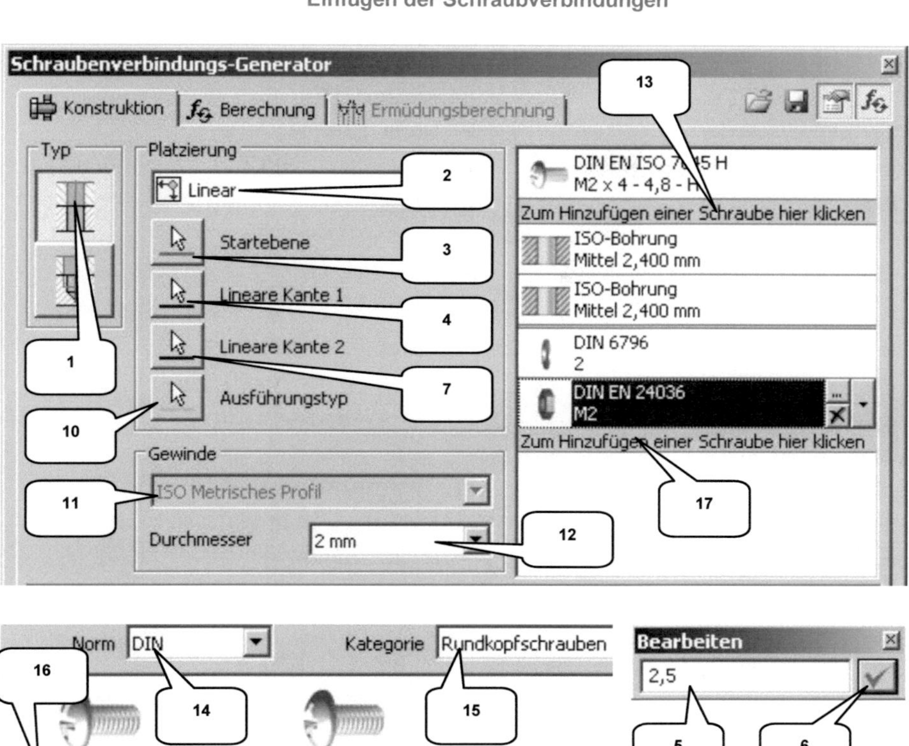

Schraubenverbindungs-Generator
Konstruktion
Berechnung
Ermüdungsberechnung
13
Typ
Platzierung
2
Linear
DIN EN ISO 7045 H
M2 x 4 - 4,8 - H
Zum Hinzufügen einer Schraube hier klicken
Startebene
3
ISO-Bohrung
Mittel 2,400 mm
Lineare Kante 1
4
ISO-Bohrung
Mittel 2,400 mm
Lineare Kante 2
7
DIN 6796
2
1
Ausführungstyp
DIN EN 24036
M2
10
Zum Hinzufügen einer Schraube hier klicken
Gewinde
17
ISO Metrisches Profil
11
Durchmesser
2 mm
12

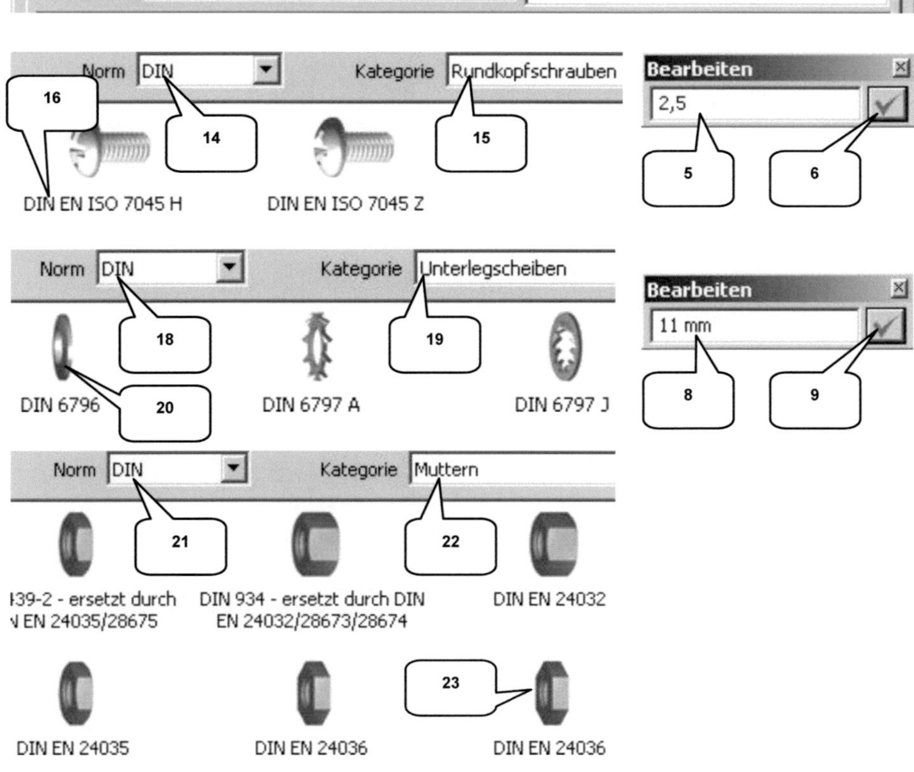

Norm DIN
Kategorie Rundkopfschrauben
Bearbeiten
16
2,5
14
15
DIN EN ISO 7045 H
DIN EN ISO 7045 Z
5
6
Norm DIN
Kategorie Unterlegscheiben
Bearbeiten
11 mm
18
19
8
9
DIN 6796
DIN 6797 A
DIN 6797 J
20
Norm DIN
Kategorie Muttern
21
22
939-2 - ersetzt durch
N EN 24035/28675
DIN 934 - ersetzt durch DIN
EN 24032/28673/28674
DIN EN 24032
DIN EN 24035
DIN EN 24036
23
DIN EN 24036

> *Schraubverbindung*
> Typ: Durchgehend (1)
> Platzierung: Linear (2)
> Startebene: Untere Fläche (Landegestell) (3)
> Lineare Kante 1: Markierte Kante (Landegestell) wählen (4)
> Abstand: [2,5 mm] (5)
> *OK* (6)
> Lineare Kante 2: Markierte Kante (Rumpf-Oberteil) wählen (7)
> Abstand: [11 mm] (8)
> *OK* (9)
> Ausführungstyp: Markierte Fläche (Rumpf-Oberteil) wählen (10)
> Gewinde: ISO Metrisches Profil (11)
> Durchmesser: [2 mm] (12)

> *Zum Hinzufügen einer Schraube hier klicken* (13)
> Norm: DIN (14)
> Kategorie: Rundkopfschrauben (15)
> *DIN EN ISO 7045 H* wählen (16)

> *Zum Hinzufügen einer Schraube hier klicken* (17) (*im Befehlsfenster unten!*)
> Norm: DIN (18)
> Kategorie: Unterlegscheiben (19)
> *DIN 6796* wählen (20)

> *Zum Hinzufügen einer Schraube hier klicken* (17) (*im Befehlsfenster unten!*)
> Norm: DIN (21)
> Kategorie: Muttern (22)
> *DIN EN 24036* wählen (23)

> *OK* (Schraubenverbindungs-Generator)

Eine identische Schraubverbindung jetzt auch auf der vorderen Seite des Landegestells erzeugen.

13.5 Schraubverbindung zw. Rumpf-Unterteil und Turbinengehäuse

Die letzte *Schraubverbindung* soll zwischen den Bauteilen *Rumpf-Unterteil* und *Turbinengehäuse* erzeugt werden. Die Platzierung erfolgt ebenfalls linear.

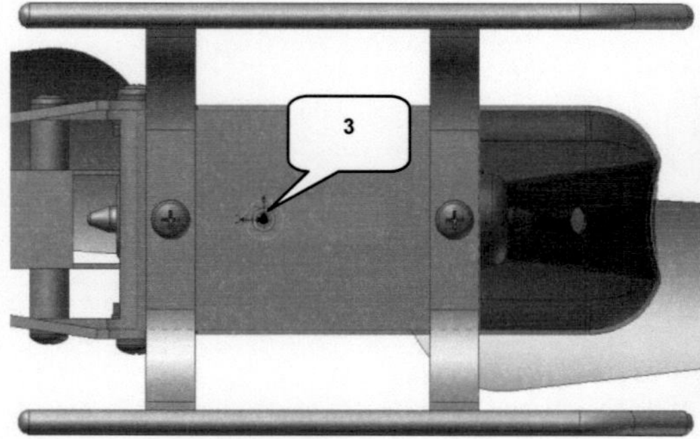

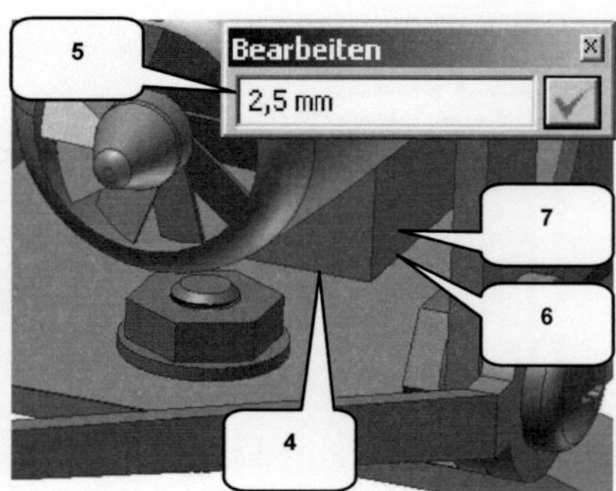

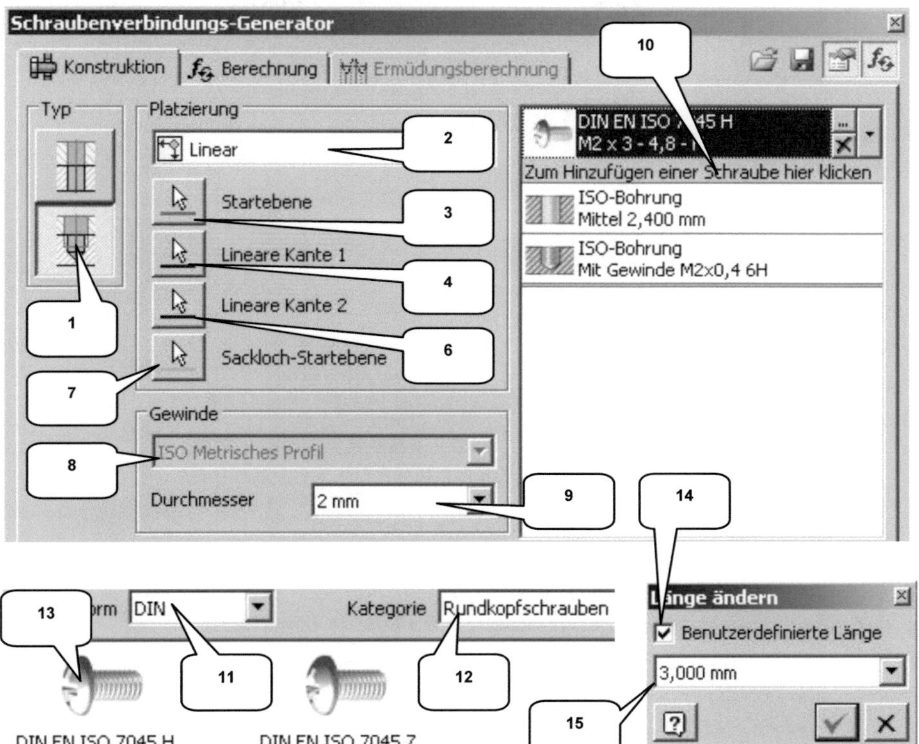

➢ ***Schraubverbindung***

➢ Typ: Nicht durchgehend (1)

➢ Platzierung: Linear (2)

➢ Startebene: Untere Fläche (Rumpf-Unterteil) (3)

➢ Lineare Kante 1: Markierte Kante (Turbinengehäuse) (4)

➢ Abstand: [2,5 mm] (5)

➢ ***Taste: ENTER** (oder OK)*

> ➢ Lineare Kante 2: Markierte Kante (Turbinengehäuse) wählen (6)
> ➢ Abstand: [2,5 mm] (5)
> ➢ *Taste: ENTER*
> ➢ Sackloch-Startebene: Untere Fläche (Turbinengehäuse) wählen (7)
> ➢ Gewinde: ISO Metrisches Profil (8)
> ➢ Durchmesser: [2 mm] (9)

> ➢ *Zum Hinzufügen einer Schraube hier klicken* (10)
> ➢ Norm: DIN (11)
> ➢ Kategorie: Rundkopfschrauben (12)
> ➢ *DIN EN ISO 7045 H* wählen (13)

> ➢ Doppelklick auf Doppelpfeil der Schraube
> ➢ Aktivieren: Benutzerdefinierte Länge (14)
> ➢ Länge: [3 mm] (15)
> ➢ *Taste: ENTER*

> ➢ Doppelklick auf Doppelpfeil der Gewindebohrung
> ➢ Tiefe: [3 mm] (16)
> ➢ *Taste: ENTER*

> ➢ *OK* (Schraubenverbindungs-Generator)
> ➢ *OK* (Dateibenennung)

Eine identische *Schraubverbindung* jetzt auch auf der vorderen Seite des Turbinengehäuses erzeugen.

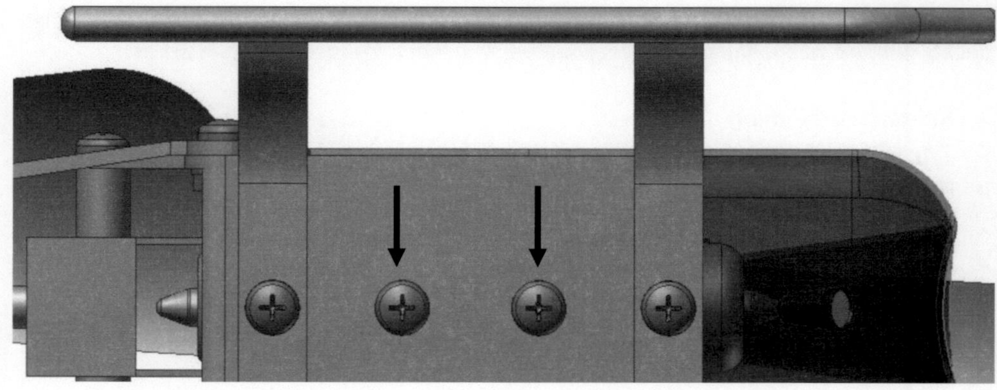

14 Farbzuweisung und Rendering

14.1 Bauteile mit Farben versehen

Vor dem Rendern der Baugruppe soll den einzelnen Bauteilen jeweils eine *Farbe* zugewiesen werden. Die folgende Farbauswahl ist nur ein Beispiel und kann beliebig geändert werden.

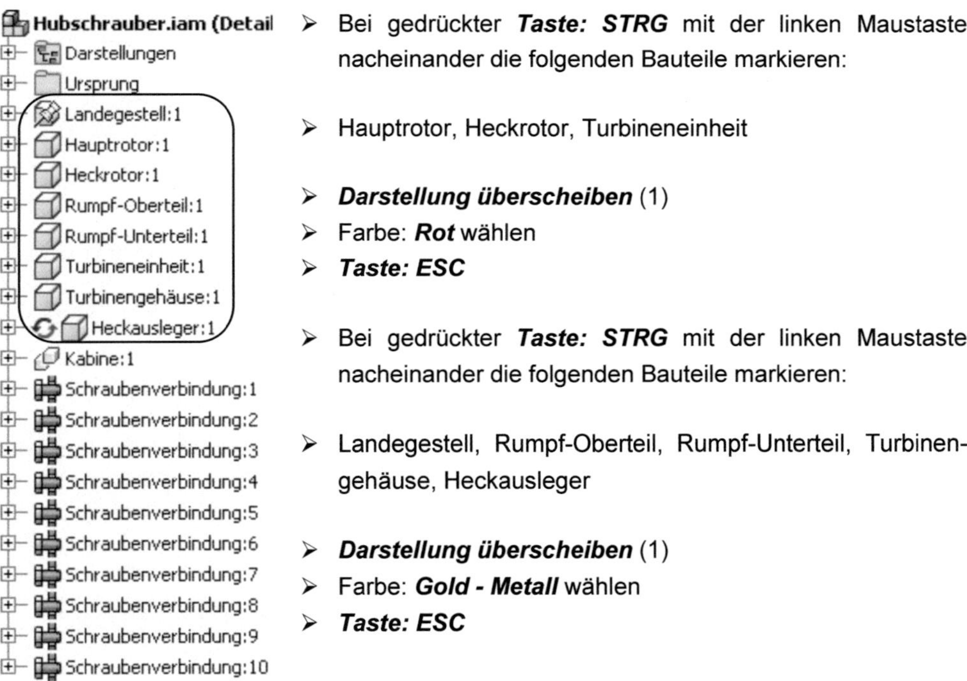

> Bei gedrückter *Taste: STRG* mit der linken Maustaste nacheinander die folgenden Bauteile markieren:

> Hauptrotor, Heckrotor, Turbineneinheit

> *Darstellung überscheiben* (1)
> Farbe: *Rot* wählen
> *Taste: ESC*

> Bei gedrückter *Taste: STRG* mit der linken Maustaste nacheinander die folgenden Bauteile markieren:

> Landegestell, Rumpf-Oberteil, Rumpf-Unterteil, Turbinengehäuse, Heckausleger

> *Darstellung überscheiben* (1)
> Farbe: *Gold - Metall* wählen
> *Taste: ESC*

14.2 Rendern der Baugruppe

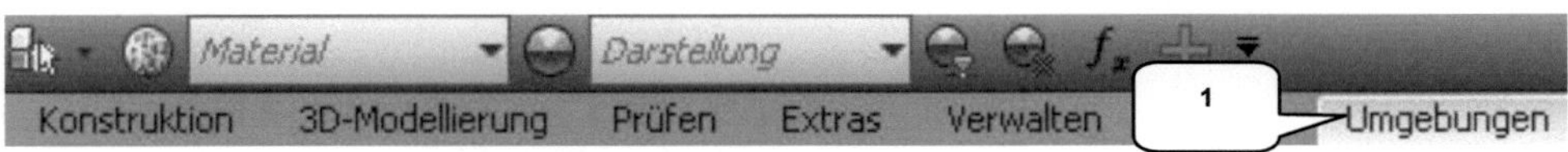

Im nächsten Schritt soll die Baugruppe gerendert werden. Hierfür ist ins Register *Umgebungen* (1) zu wechseln und dort der Befehl *Inventor Studio* (2) zu starten.

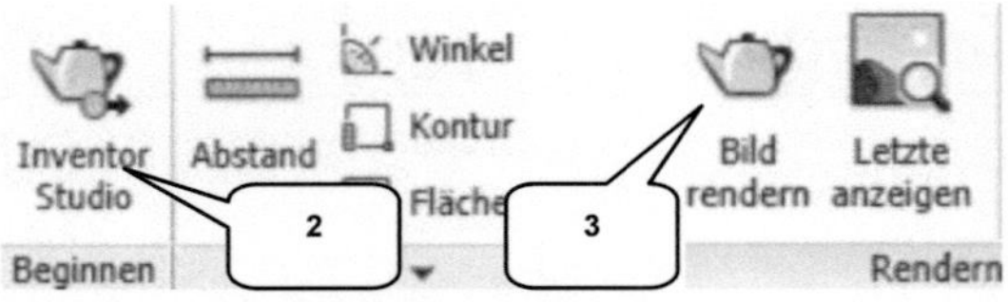

Im Register **Rendern** dann den Befehl **Bild rendern** (3) starten. Der Hubschrauber sollte jetzt solange im Zeichenbereich gedreht und gezoomt werden, bis eine zufriedenstellende Position erreicht ist. Anschließend kann gerendert werden.

➢ **Bild rendern** (3)
➢ Breite: [1024] (4)
➢ Höhe: [768] (5)
➢ **RENDERN**

➢ **Speichern** (6) (Renderausgabe)
➢ Projektordner wählen
➢ Dateiname: [Renderbild]
➢ Dateityp: (*.jpg)
➢ **Speichern**

➢ **Fertig stellen Inventor Studio** (6)

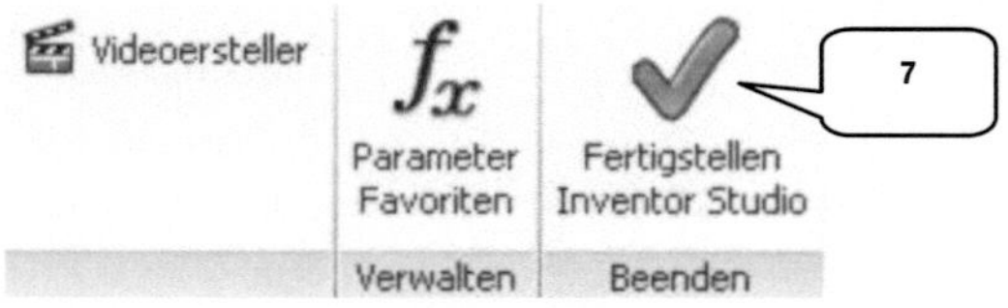

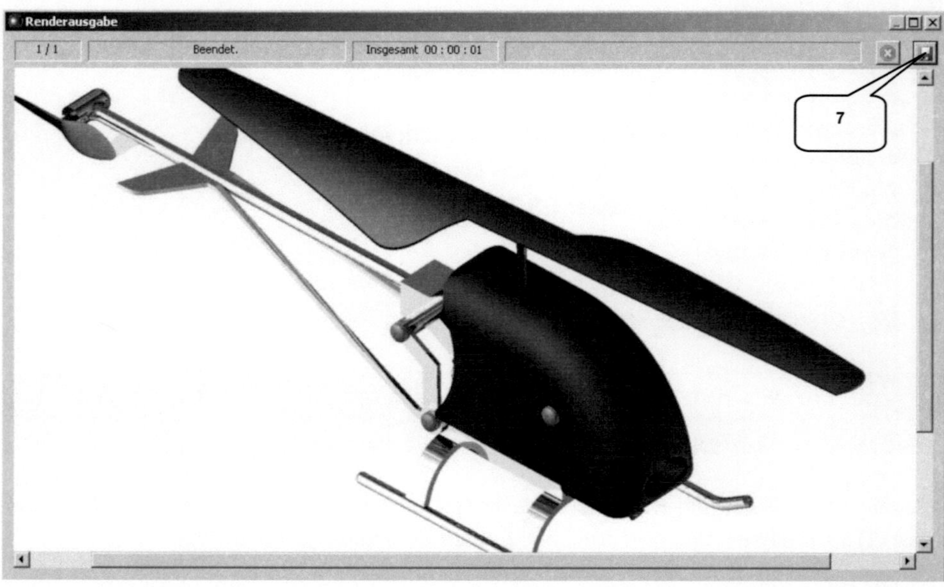

15 Animation der beweglichen Bauteile

15.1 Setzen der Bewegungsabhängigkeiten

Im letzten Kapitel dieses Buches sollen die drei Bauteile Hauptrotor, Heckrotor und Turbineneinheit mit einer **Bewegungsabhängigkeit** versehen werden. Alle drei Bauteile sind noch immer mit einem Freiheitsgrad versehen: sie können jeweils frei um ihre Rotorachse gedreht werden. Dieser letzte Freiheitsgrad soll jetzt eliminiert werden, um damit eine Bewegungsanimation erzeugen zu können.

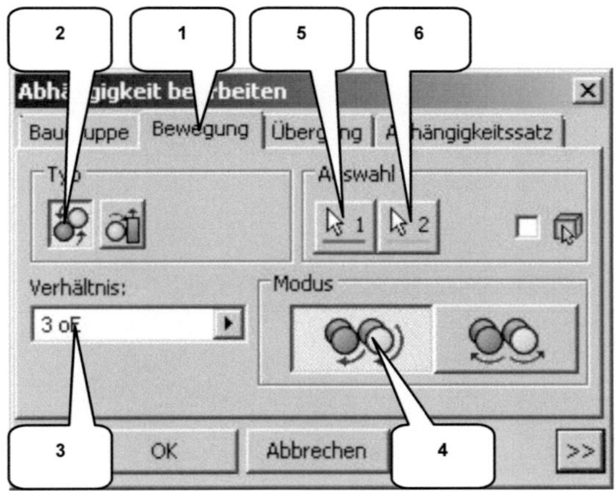

> *Register: Zusammenfügen*
> *Abhängig machen*
> Reiter: Bewegung (1)
> Typ: Drehung (2)
> Verhältnis: [3] (3)
> Modus: Vorwärts (4)
> Auswahl 1: Markierte Zylinderfläche (Hauptrotor) (5)
> Auswahl 2: Markierte Zylinderfläche (Heckrotor) (6)
> *OK*

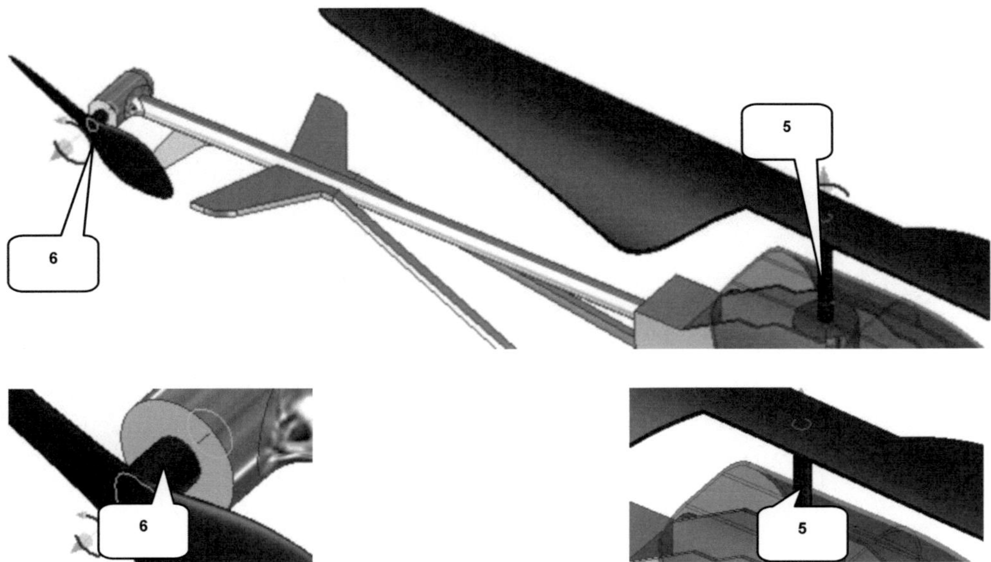

Wenn der Hauptrotor jetzt bei gedrückter linker Maustaste gedreht wird, sollte sich der Heckrotor mit der dreifachen Geschwindigkeit mitdrehen.

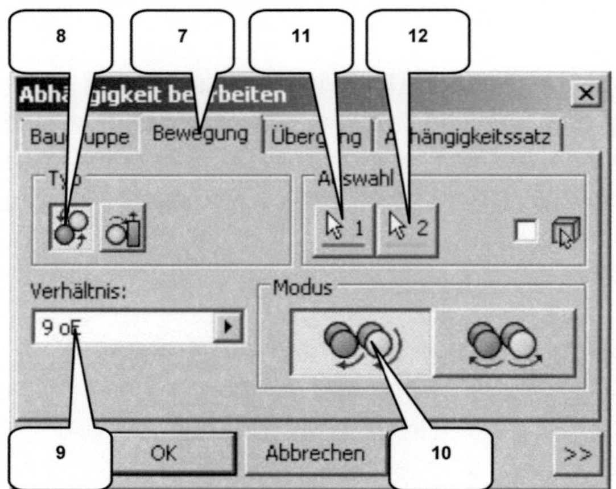

> ***Abhängig machen***
> Reiter: Bewegung (7)
> Typ: Drehung (8)
> Verhältnis: [9] (9)
> Modus: Vorwärts (10)
> Auswahl 1: Markierte Zylinderfläche (Hauptrotor) (11)
> Auswahl 2: Markierte (konische) Fläche (Turbineneinheit) (12)
> ***OK***

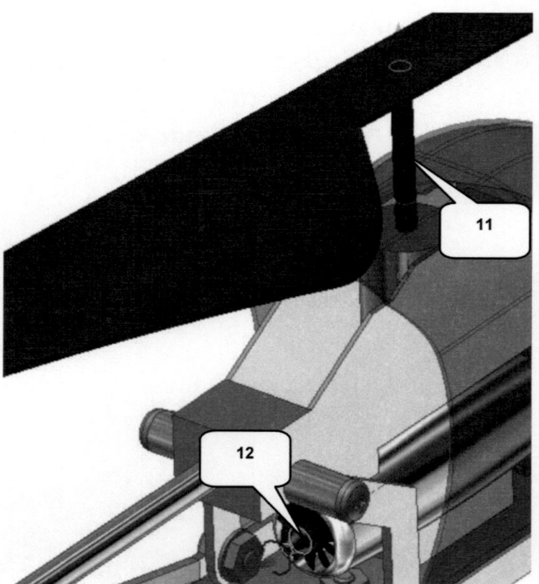

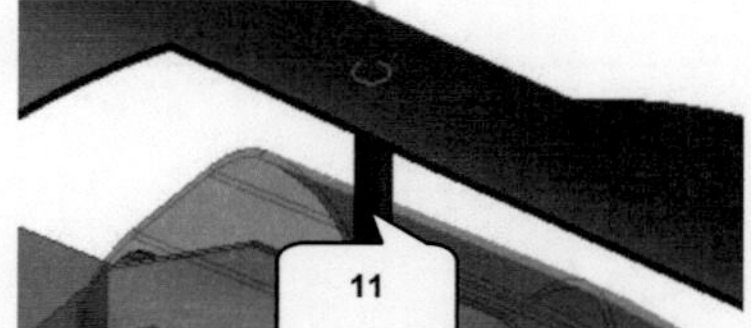

Bei sich drehendem Hauptrotor sollten sich der Heckrotor jetzt mit der dreifachen und die Turbineneinheit mit der neunfachen Geschwindigkeit mitdrehen.

15.2 Setzen einer Winkelabhängigkeit

Im letzten Schritt soll der Hauptrotor mit einer *Winkelabhängigkeit* versehen werden, um diese anschließend zu animierten.

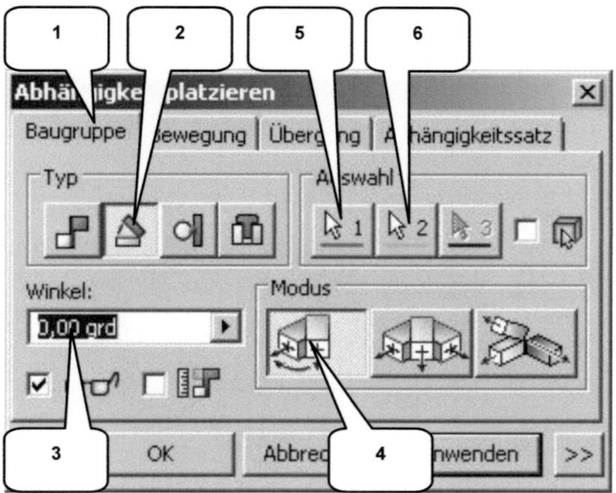

> *Abhängig machen*
> Reiter: Baugruppe (1)
> Typ: Winkel (2)
> Winkel: [0°] (3)
> Modus: Gerichteter Winkel (4)
> Auswahl 1: XY-Ebene (Baugruppe) (5)
> Auswahl 2: YZ-Ebene (Hauptrotor) (6)
> *OK*

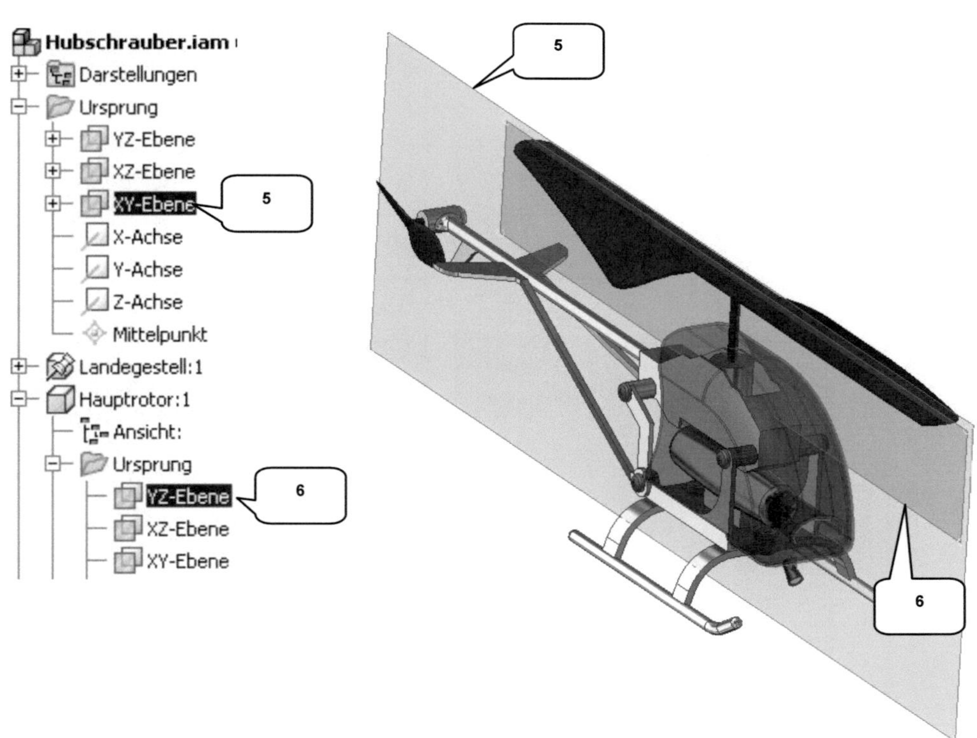

15.3 Animation der Rotationsteile

Um die zuletzt erzeugte Abhängigkeit animieren zu können, muss darauf im Modellbaum (Bauteil Hauptrotor) mit der rechten Maustaste geklickt und die Option **Bauteil nach Abhängigkeiten bewegen** gewählt werden.

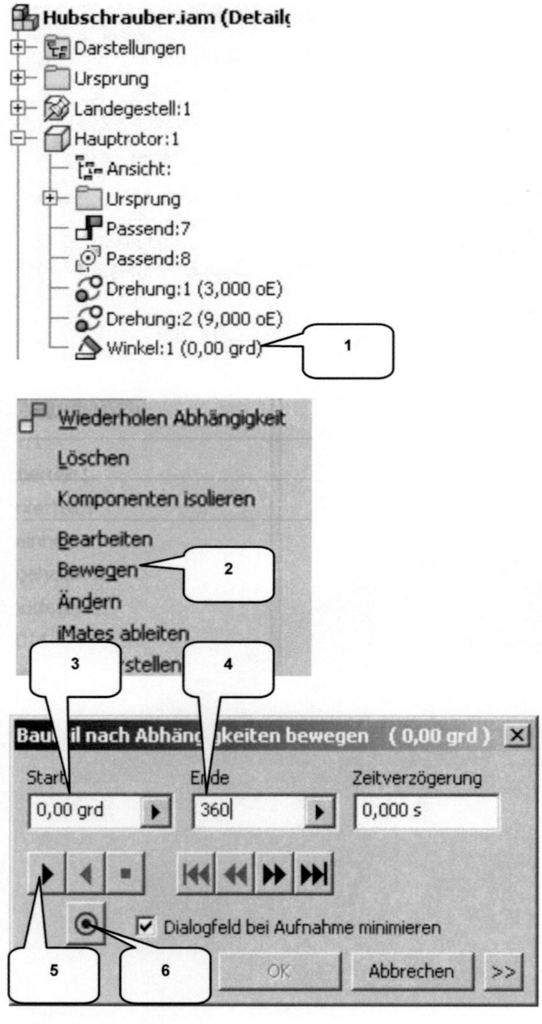

> Rechte Maustaste auf die Winkelabhängigkeit des Hauptrotors (1)
> Option: Bewegen (2)

Im gleichnamigen Befehlsfenster sind dann die folgenden Einstellungen vorzunehmen:

> Start: [0°] (3)
> Ende: [360°] (4)

Anschließend kann mit der Animation begonnen werden.

> Option: Vorwärts (5)

Mit der Taste **Aufnahme** (6) kann die Animation als Video gesichert werden. Das Programm wird diese Prozedur schrittweise begleiten.

Die Baugruppe kann jetzt abschließend **gespeichert** und geschlossen werden.

> **OK**
> **Speichern**
> **Baugruppe schließen**

16 Schlusswort

Der Autor des Buches hofft, dass Sie bei der Arbeit mit dem Programm und dem Übungsprojekt viel Spaß hatten.

Der Inhalt des Buches wurde sorgfältig geprüft. Leider können Fehler nicht ausgeschlossen werden.

Wenn Ihnen während der Arbeit mit dem Buch Fehler auffallen sollten, oder wenn Sie Ideen zur Verbesserung des Inhaltes haben, ist Ihnen der Autor für jeden Hinweis per E-Mail dankbar.

Konstruktive Anmerkungen können jederzeit an ***schlieder@cad-trainings.de*** gesendet werden.

Vielen Dank.